FIRE
提前退休说明书

[日]阿千 著　丁宇宁 译

贵州出版集团
贵州人民出版社

* 如无特殊说明，本书记载的内容均基于截至 2021 年 10 月的相关信息。这些信息可能于本书出版后发生变化，请大家另行留意。
* 本书内容均基于作者的分析结果。作者虽已尽最大努力保持谨慎态度，但不能保障本金或保证固定回报。本书作者和出版方均不对以本书为参考的投资结果承担任何责任。投资者对包括选择投资对象和投资产品等在内的一切投资决策负有最终责任。
* 本书内容仅供参考。作者无意推荐任何特定产品。关于具体产品的更多详细信息，请咨询各金融机构了解情况。
* 投资收益和劳动性收入一般需要缴税。本书中为了简化计算过程，一律按近似数额估算税款，因此可能出现计算结果与实际数额不相符的情况。请知悉。
* 本书中涉及的数字金额，已经按照 1 日元兑 0.05 元人民币的汇率，统一将日元换算成了人民币。

前　言

　　FIRE 的英文全称为 Financial Independence Retire Early，也就是实现财务自由，提前退休。

　　简单来说，就是指积累一定资产后，依靠这些资产带来的理财收益维持生活。

　　我在 30 岁出头时就已经拥有 150 万元的资产。现在，我正在实践半 FIRE[①]生活，即生活费用的一部分来自我热爱的工作，其余则来自投资理财的收益。

　　然而，我既没有投资才能，也无法一夜暴富，更算不上高收入人群。

[①] 英文名称为 Side FIRE，是 FIRE 的一种类型，其词源或为 Side Hustle（意为由自身爱好或特长发展而来的副业）。在享受 FIRE 生活的同时，也通过喜欢的副业或兼职工作获取一定劳动性收入。

过去的我：年收入 15 万元的普通员工。

我在毕业后入职的第一家公司没能进入向往的部门，而是被安排做了普通的事务性工作。

那时的工资也并不丰厚，年收入仅为 15 万元左右。

过去的我：每天工作 12 小时的"社畜"。

为了提高收入，我努力考取资格证书并顺利转岗，但转岗后的部门工作极为繁重。

每天工作 12 个小时早已成为常态，也就是像"社畜"一般的工作方式。

过去的我：房间里堆满杂物，而我是杂物堆里的住客。

我本就懒散，加上天生节俭，不舍得丢弃物品，所以很不擅长收拾屋子。

平时也忙于工作，等发现时屋内早已杂物成堆。即使是那些明显派不上用场的东西也舍不得丢弃，屋子乱得无处下脚，如同垃圾场一般。

浪费的丈夫：赚多少花多少的月光族。

丈夫的金钱观与我完全相反。

我婚前便已积累下150万元的资产，所以在结婚时帮助丈夫偿还了欠款。但是，丈夫现在仍然大手大脚，赚多少钱就花多少钱（不如说他是为了花钱才去工作）。

因此，我与丈夫分别管理各自的资产，生活费用也是两人各出一半。

"我并不想成为亿万富翁，也不是不愿工作。我只是希望工作能比现在更轻松一些……"

如果你也有类似的想法，那么本书将向你介绍一种能够**提前退休**的生活方式及工作方式。

什么是 2.5% 原则的"提前退休"?

像我一样普通的职场女性也能实现。

目标并非成为富豪!

如果你想要工作更轻松,或希望拥有更多属于自己的时间,那么本书将是帮助你实现愿望的绝佳手段。

所需资产总额少于传统的提前退休模式!

在开启退休生活后仍继续从事低强度工作,所以开始时所需资产总额可相对较少。

享受退休生活的同时，从事自己喜欢且轻松的工作！

开启提前退休的生活后，工作收入只需达到目前的一半即可。因此，你可以考虑成为自由职业者[①]做些低强度工作，也可以在自己喜欢的行业中从事兼职工作。

虽然将爱好作为工作的风险很高，但如果已经拥有一定资产，便可以安心工作。

开始提前退休生活后，资产仍在不断增长！

因为践行"2.5%规则"，所以实现提前退休后，资产仍能保持稳步增长。

可以分散股市暴跌带来的风险！

开始提前退休的生活后，即使遭遇股市暴跌导致资产贬值，有一份保底的劳动性收入也能规避风险。

[①] 在日本被称为个人事业主，指未注册为法律实体公司而以个人身份经营业务者。独立执业律师、自由撰稿人、农场主等职业均属此列。与公司职员相比，自由职业者需自行缴纳国民年金等保险费用。——译者注

开启提前退休的生活后，便能与疲于奔命的生活说再见。

不仅能彻底享受喜欢的工作，还能增加自己的私人时间

做公司职员时

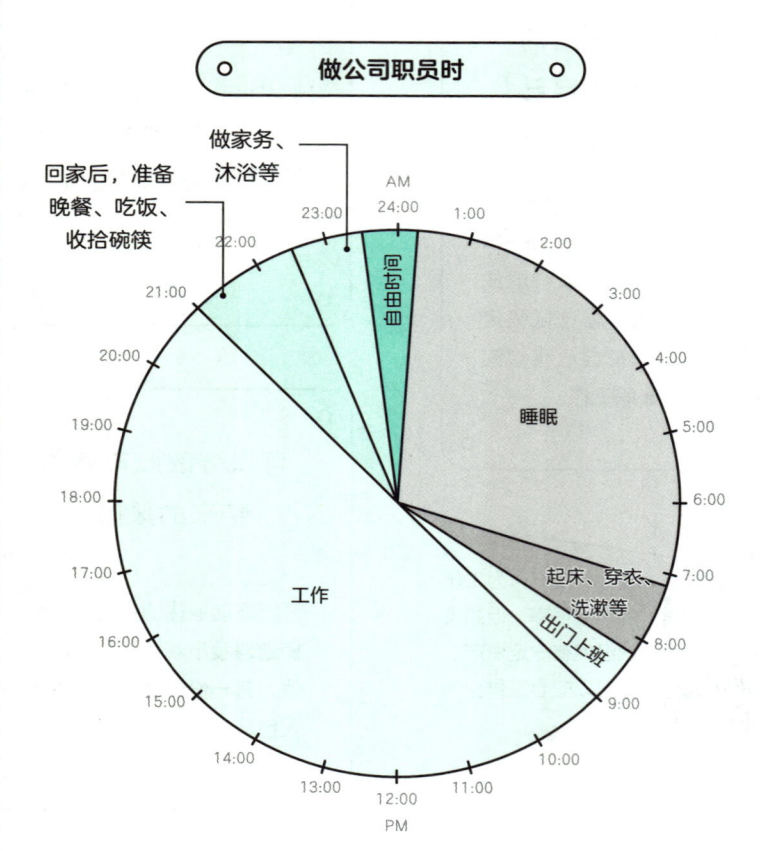

- 做家务、沐浴等
- 回家后，准备晚餐、吃饭、收拾碗筷
- 自由时间
- 睡眠
- 起床、穿衣、洗漱等
- 出门上班
- 工作

现在，全看当天的心情决定工作时长！

○ **开始提前退休的生活后** ○

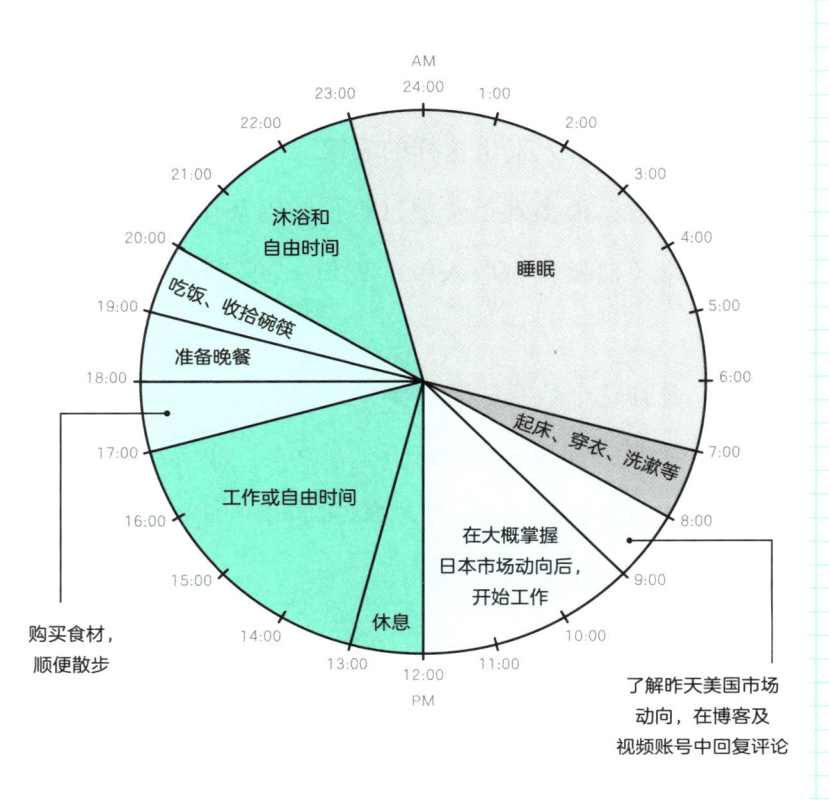

- 睡眠
- 起床、穿衣、洗漱等
- 在大概掌握日本市场动向后，开始工作
- 了解昨天美国市场动向，在博客及视频账号中回复评论
- 休息
- 购买食材，顺便散步
- 工作或自由时间
- 准备晚餐
- 吃饭、收拾碗筷
- 沐浴和自由时间

你也能提前退休！

"可我对投资一窍不通，实现提前退休目标简直难如登天……"

经常会有人发出这样的哀叹。

当然，很多真正希望过上提前退休生活的人都将储蓄率（储蓄额占收入额的比例）的目标定在70%～80%。

看到这个数字，我感到"这怎么可能实现呢"！

其实，如果希望通过维持70%～80%的储蓄率来彻底过上退休生活，就不得不过上"高收入＋极度节俭"的艰苦生活。

我的人生格言是:
"轻松,快乐"!

如果把目标设定得相对容易实现(以劳动性收入和财产性收入各占生活费用的一半为例)的话,在不考虑其他复杂因素的前提下,需要准备的资产总额仅为传统的提前退休的一半。

我也曾是普通的职场女性,也有和其他人一样的物欲。因此,我希望大家在积累资产的阶段**不要过度勉强自己,在享受生活的同时让资产稳步增长**。

Which type are you?

实现提前退休的3种模式 你属于哪种类型？

有人擅长存钱，也有人为存不下钱而感到十分苦恼。本书将为大家介绍实现提前退休的3种模式。希望大家在阅读本书的过程中，能够从与自身情况相近的模式中汲取经验。①

不擅长赚钱，但擅长存钱的 存钱高手

年收入
19 万元
（实际到手 15 万元）

一年的生活费用
7.5 万元

---

① 注：可能有人会觉得"先不提年收入高低，只是将生活费用降到这么低的水平，我就不可能做到"！没关系，一时间难以适应这样的生活节奏也无妨。本书将在后续章节中就这一问题给出详细说明，请大家放心阅读。

擅长赚钱， 但不擅长存钱的 **赚钱高手**	既能赚钱， 又能存钱的 **全能人士**
年收入 **26 万元** （实际到手 20 万元）	**年收入** **26 万元** （实际到手 20 万元）
一年的生活费用 **10 万元**	**一年的生活费用** **7.5 万元**

我是这种类型！

即使是普通职员，也能积累丰厚资产！

个人资产总额的变化

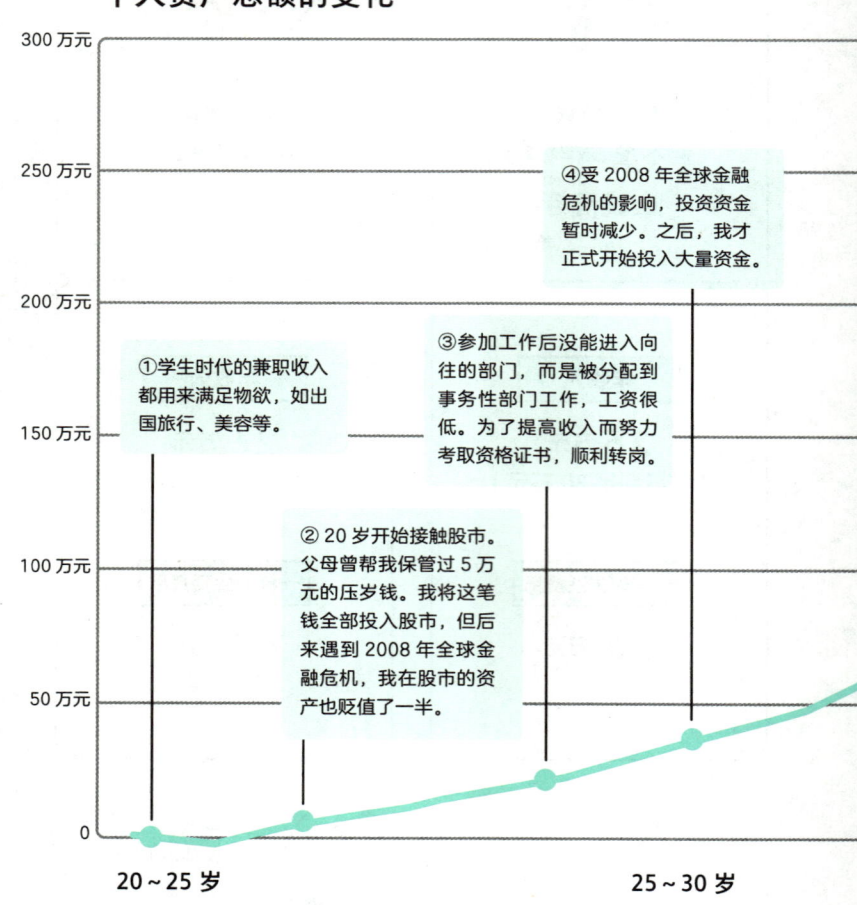

① 学生时代的兼职收入都用来满足物欲，如出国旅行、美容等。

② 20 岁开始接触股市。父母曾帮我保管过 5 万元的压岁钱。我将这笔钱全部投入股市，但后来遇到 2008 年全球金融危机，我在股市的资产也贬值了一半。

③ 参加工作后没能进入向往的部门，而是被分配到事务性部门工作，工资很低。为了提高收入而努力考取资格证书，顺利转岗。

④ 受 2008 年全球金融危机的影响，投资资金暂时减少。之后，我才正式开始投入大量资金。

20～25 岁　　25～30 岁

我早在 20 岁便开始投资，并且十几岁就经历了物欲爆发的挥霍期，所以 35 岁之前便早早开启了提前退休生活。一般人的进度会比我迟 10 年左右，所以大家从现在开始准备也绝不会太晚！

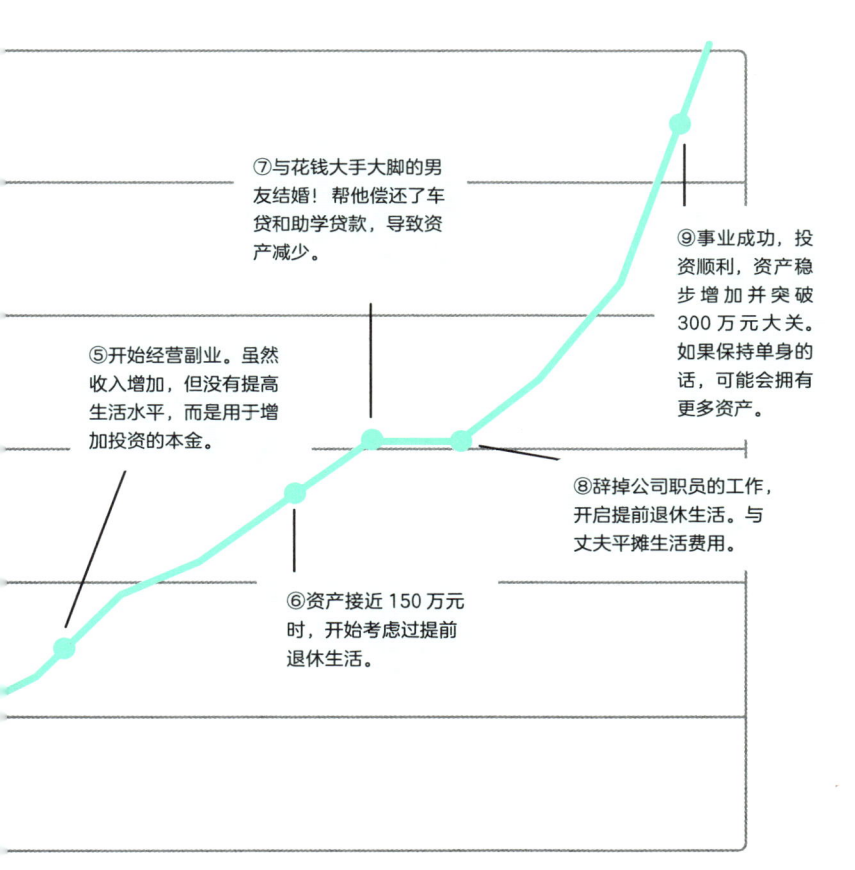

⑦与花钱大手大脚的男友结婚！帮他偿还了车贷和助学贷款，导致资产减少。

⑨事业成功，投资顺利，资产稳步增加并突破 300 万元大关。如果保持单身的话，可能会拥有更多资产。

⑤开始经营副业。虽然收入增加，但没有提高生活水平，而是用于增加投资的本金。

⑧辞掉公司职员的工作，开启提前退休生活。与丈夫平摊生活费用。

⑥资产接近 150 万元时，开始考虑过提前退休生活。

30～35 岁

* 图中所示资产数额不包括夫妻共同财产，仅为我个人名下财产。

副业（赚钱）+ 极简生活（存钱）+ 投资（增加资产）

我绝不是高收入人群，也没有过着极度节俭的生活，更不曾通过投资一夜暴富。但是，我一直践行着积累资产的 3 个诀窍——**赚钱、存钱、增加资产**。

因此，我在此不得不对想要在本书中获得积累资产"独门秘籍"的读者们说声抱歉。我能走到今天，依靠的仅仅是不懈地坚持而已。

但正因如此，本书中介绍的方法才有可能被更多人成功复制。

提前退休的 3 个关键

1 赚钱＝主业＋副业

我在努力增加主业收入的同时，还积极开拓副业来拓宽收入的来源。

2 存钱＝极简生活

存钱不单是勤俭节约，而是要给生活做减法，于是我开始了极简生活。久而久之，我逐渐能够毫无压力地节约金钱与时间，房屋变得更加整洁，心情更加舒畅，行动效率也有所提高。

3 增加资产＝投资

我通过副业和极简生活积累了一些闲置资金，用这些钱进行投资后，资产开始实现稳步增长。

SIDE FIRE MAP

提前退休指南

本书将按照"赚钱—存钱—增加资产"的顺序来向大家介绍提前退休的步骤。请以下列的图示为线索来阅读本书。

START

第 1 章

提前退休，你向往吗？
在介绍提前退休的基本思路之前，首先要明确什么是提前退休。之后，我将向大家介绍实现提前退休的 3 种模式。3 种模式分别以擅长存钱的存钱高手、擅长赚钱的赚钱高手和二者皆长的全能人士为代表。
#2.5% 原则 # 所需资产总额 # 储蓄率 # 挥霍期

第 2 章

职场新人的提前退休之路
让我们从学习赚钱开始切入正题。本章中，我将向大家介绍提高年收入的方法，并推荐一些值得尝试的副业。
主业加薪 # 跳槽 # 副业 # 积分活动

第 3 章 提前退休——低物欲版

如果生活过度节俭会给你造成一定的精神压力，那么储蓄将难以为继。本书将结合低物欲的思维方式，向大家介绍毫无压力的存钱方法。

\# 节约 \# 极简生活 \# 家庭账本 \# 无现金支付 \# 给生活带来方便的家电产品

第 4 章 提前退休——资产钱生钱版

在积累一定资金后，终于可以开始投资了！我不会提及那些晦涩难解的术语。只要分散风险，即使将投资账户搁置不管，资产也会自动增长。此外，我还将分别向 3 类人群介绍 NISA 账户[①]、iDeCo 账户[②] 的使用方法。

\# 指数型基金 \#NISA \#iDeCo \# 高分红股票

GOAL

第 5 章 当你终于能够过上提前退休的生活时……

如果资产总额即将达到预期目标，我希望大家能够认真考虑几个问题：辞掉目前的工作后，打算做些什么？在何处生活？用现有资产是否能够维持生活？认真考虑这些问题后，便可以开启提前退休的生活了！

\# 生活计划 \# 资产提取 \#100 岁以前的资产变动预期

---

① 英文全称为 Nippon Individual Savings Account，指日本小额投资免税制度，参与者可享受个人资本利得的高额减免。——译者注
② 英文全称为 Individual Defined Contribution，指日本个人缴费确定型养老金计划，参与者的投入资金在一定限额内免税，投资收益免税，领取账户资金时收税。——译者注

目 录

第1章 提前退休，你向往吗？
- 01 提前退休，并不难实现！ 2
- 02 现在开始，积累属于自己的资产！ 4
- 03 不上班也饿不死的活法 6
- 04 传统的"4%原则"，这样"早退"有风险 8
- 05 新"2.5%原则"，普通人的提前退休指南 10
- 06 存够多少钱才能提前退休？ 12
- 07 存够多少钱才能提前退休？案例告诉你 14
- 08 如何存钱及进一步增加资产呢？ 16
- 09 储蓄率目标：只要50%！ 18
- 10 50%的储蓄率好实现吗？ 20
- 11 控制物欲爆炸！ 22
- 12 如何找到适合自己的提前退休之路 24

第2章 职场新人的提前退休之路
- 01 收入就是主业+副业 34
- 02 想提高收入，你可以考证或跳槽 36
- 03 选择主业时，要注重"报酬"和"意义" 38
- 04 下班开始新生活，副业才要赚更多！ 40

05 哪种副业适合你？——— 42
06 副业至少要尝试3种——— 44
07 副业有趣却没收益，我还要坚持吗？——— 46
08 动动手，这两个副业就能有收入——— 48
09 赚积分也是出色的副业！——— 50
10 用信用卡买信托投资基金，每月可获得积分——— 52
11 用好积分网站也能赚大钱——— 54
12 没有本金，一切都是空谈——— 56
13 提前退休，攒好每一分钱——— 58

第3章 提前退休——低物欲版

01 从今天起，做个低物欲主义者——— 66
02 低物欲主义是过合理且舒适的生活——— 68
03 践行低物欲主义，就能更早提前退休——— 70
04 这样做，成功实现储蓄率50%——— 72
05 提高存钱效率——— 74
06 极简管理家庭收支！——— 76
07 给生活做减法，从源头上杜绝浪费——— 78
08 节约，要张弛有度——— 80
09 一心赚钱，存款自然增加——— 82
关于"存钱"的Q&A——— 84

第4章 提前退休——资产钱生钱版

01 投资前先做好生活保障！——— 98
02 如何准备好生活保障金？——— 100
03 在准备投资资金的同时，也要学习投资知识——— 102
04 资金投往何处？——— 104

05 个股、ETF 和基金，应该入手哪个？ 106
06 我也正在逐渐转向基金的自动定投 108
07 什么是"指数型基金"？ 110
08 将资金投向有发展潜力的国家 112
09 证券账户的类别 114
10 了解养老金计划！ 116
11 开通 3 种账户 118
12 强烈推荐使用信用卡购买基金 120
13 开始投资前需要做好哪些准备？ 122
14 把证券账户内 80% 的资金用于投资 124
15 年均投资额低于限购额度时，只选择定投账户和基金！ 126
16 如果年均投资额超过限购额度…… 128
17 3 种定投实例 132
18 我目前的投资产品 140
19 投资才是终生事业 142
20 资产就是你的"分身" 144
21 持有高分红股票、获得股东优惠会更快乐！ 146
22 打造属于自己的资产管理表 148
23 理想的资产配置比例 150
24 至少保留 20% 的流动资金来应对股市暴跌 152
25 生活费是来自分红变现还是部分资产变现？ 154
关于"增加资产"的 Q & A 156

第5章 当你终于能够过上提前退休的生活时……

01 先停一停！问问自己是否真的想要开始提前退休的

生活 ·· 162
02 提前退休后，你想过怎样的人生？ ·························· 164
03 退休了，还需要继续赚钱吗？ ································ 166
04 退休后，是买房还是租房？ ···································· 170
05 退休后，你会有怎样的生活？ ································ 172
06 退休后，每月要有多少钱才够花？ ·························· 176

后　记 ·· 180

BASIC

第 1 章

提前退休,你向往吗?

什么是提前退休?什么是 4% 原则?本章中,我会先向大家介绍基础概念,而后依次介绍"2.5%原则"、实现提前退休所需要的资产总额,以及积累资产的方法等事项。

01 提前退休，并不难实现！

提到提前退休，很多人都会觉得"必须比别人多赚一倍的钱""必须极度节俭，克制一切欲望""必须进行高风险投资，来让资产成倍增长"。但我想告诉大家的是，无须认为提前退休是一件非常难以实现的事。

日本总务省发布的 2020 年家计调查报告显示，除房租外，日本单身人士每人平均每月的生活费用为 6500 元。在此基础上再加上每个月 2500 元的房租，可计算出独居人士的月均生活费用约为 9000 元，平均每年的生活费用约为 11 万元。

如今，日本人的平均年收入为 22 万元，实际到手约为 16.5 万元。

想要实现提前退休，储蓄率需要达到 50%。如果能比一般人更努力一些，到手收入达到 18 万元，再比一般人更节俭一些，将年均生活费用控制在 9 万元以内，储蓄率 50% 的目标便可以轻松实现。

换言之，只要比他人多付出一点努力，就能够积累相当可观的资产。

> 稍加努力，就能实现提前退休！

基础

1

单身人士
年均生活费用为
11 万元

稍加节俭

生活费用 9 万元 | 储蓄 9 万元

储蓄率
50%

实际到手 18 万元

稍加努力赚钱

日本人的平均到手收入
为 16.5 万元

也许有人会采取更为极端的方式，用最短的时间实现提前退休的生活方式。但我们无须做到这种程度。**希望大家能够充分享受实现退休之前的人生。**

3

02 现在开始，积累属于自己的资产！

虽然我建议大家从 30 多岁开始有意识地积累资产，但实际上何时开始积累资产都不算晚。

在我博客和视频账号的评论区中，经常有四五十岁的粉丝留言询问："现在才开始是不是太晚了？"我的回答是，==只要仍在工作，仍有收入，就不算晚==。

即便无法在法定退休年龄之前早早进入"半退休"状态，积累一定资产也能减少对退休生活的担忧。

=="我要积累资产！"这个念头闪过的瞬间，便是一生中最适合的时刻==，所以不妨立刻开始行动。只需要在自己的能力范围内，==比现在多付出一点努力==。我希望大家能够以轻松的心态开始行动。

接下来，我将为大家介绍什么是提前退休。

基礎

1
2
3
4
5

03 不上班也饿不死的活法

提前退休（即 FIRE）是指**积累足够的资金，以这笔资金为本金进行投资所获得的收益（即财产性收入）维持生活**，从而实现提前退休。

关于提前退休，存在一个名为"4% 原则"的概念，即**若能将年均生活费用控制在本金的 4% 以内，则可以在不减少资产总额的前提下维持正常生活**。

然而，4% 是基于美国股票市场的相关情况计算出的数字，有必要仔细考虑这种情况是否适用。个人认为，相较美国而言，日本受通货紧缩影响从而物价更低，且社会保障体系比较完善，因此 4% 原则在日本也基本适用。但是，如果将大部分资产都用于购买美国股票的话，那么定居日本面临的财务风险或许比定居美国更低。

然而在日本，完善的社会保障体系所带来的"长寿风险"（寿命越长，所需生活费用也越多）也不容忽视。并且，虽然理论上 4% 原则可行，但在实践的过程中，我们也必须考虑年复一年支取 4% 的资金所带来的精神负担。

综合考虑上述因素，我通过亲身实践认为可行的标准是，"**每年支取相当于税后资产总额 2.5% 的资金用于生活**"，即"2.5% 原则"。

提前退休的"4% 原则"

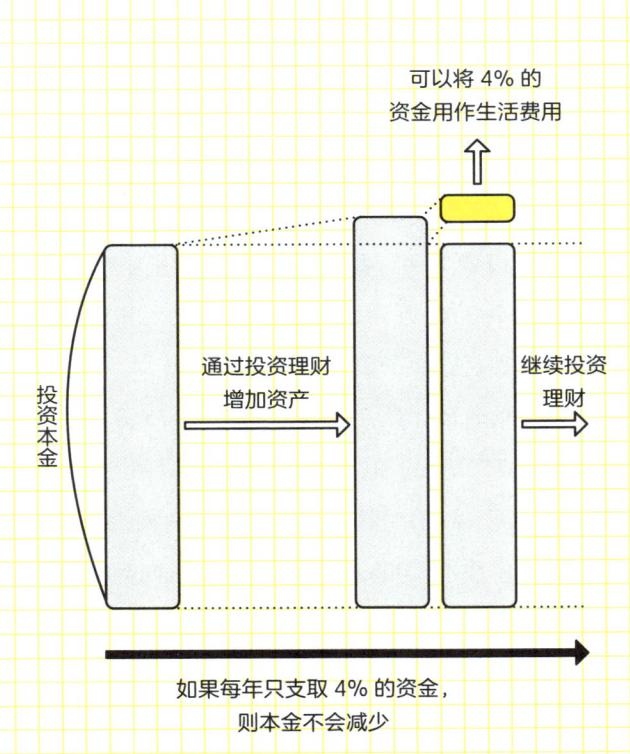

基础

1

可以将 4% 的资金用作生活费用

投资本金 → 通过投资理财增加资产 → 继续投资理财

如果每年只支取 4% 的资金，则本金不会减少

一般认为，把个人投资理财的**年收益率目标设置在 5% 左右（即资产以每年 5% 左右的速度增长）**比较现实。

BASIC 04 传统的"4%原则",这样"早退"有风险

如果一个人过着提前退休的生活,并且生活费用的50%来自财产性收入,剩余的50%来自劳动性收入,他将面临何种境况呢?以我为例,我每年的生活费用为7.5万元,所以只需获得税后3.75万元以上的财产性收入和3.75万元以上的劳动性收入,就能覆盖一年的生活支出。

按照4%原则来计算,我只需拥有93.75万元(3.75万元÷4%=93.75万元)的资产便可维持生活。但实际上,如果只拥有这些资产,我将在生活中面临相当大的风险。

如果再度发生与2008年全球金融危机同等级别的股市暴跌,我的资产将会贬值[①]到一半,则所剩资产仅为47万元。若从这47万元中支取维持生活所必需的3.75万元,则实际上**每年支取数额将达到资产总额的8%**。

如此一来,大概所有人都会放弃提前退休的生活方式,重新开始工作吧。

[①] 资产贬值:以股票形式持有资产的情况下,当1股股票的价格为50元时,100股股票的资产价值为5000元(50元×100股),而当1股股票的价格跌至25元时,100股股票的资产价值则变为2500元(25元×100股)。

若采用 4% 原则，当遭遇股市暴跌时……

基础

1

93.75 万元

3.75 万元
相当于资产
总额的
4%

资产贬值一半

47 万元

3.75 万元
相当于资产
总额的
8%

平时　　　　　　　股市触底时

如果每年支取相当于资产总额 8% 的资金，用于投资的**本金将会大幅减少**。长期来看虽不至于破产，但**会造成极大的精神压力**。

9

05 新"2.5%原则"，普通人的提前退休指南

BASIC

如果采取"2.5%原则"，即每年取出相当于税后资产总额 2.5% 的资金用于日常开销的话，则开启提前退休生活时需要的资产总额将增加到 150 万元。如此一来，即使遇到股市暴跌，资产贬值一半，资产价值降至 75 万元，每年取出的 3.75 万元也只占资产总额的 5%。

虽然稍微超出了 4% 原则中提到的比例，但剩余资产也足够提前退休的人群重整旗鼓继续进行提前退休的生活了。

我之所以会得出上述结论，还有一个原因：**长远来看，股票市场会持续发展。虽然短时间内有可能损失惨重，但长期亏损的情形在历史上也十分少见**（关于这一点，会在第 104 页做详细解释）。

即使在遭遇股市暴跌后的几年内必须每年支取相当于资产总额 5% 的资金，但如果之后经济能够稳步复苏，则提前退休的人群便可免于陷入破产境地。

此外，虽然采用 4% 原则可以维持本金不减，但**如采用 2.5% 原则，则在缴税后仍能维持 2% 左右的资产增长率**，这对于提前退休的人群的精神健康也大有裨益。

10

基础

1

若采用 2.5% 原则，即使遭遇股市暴跌也能维持生活

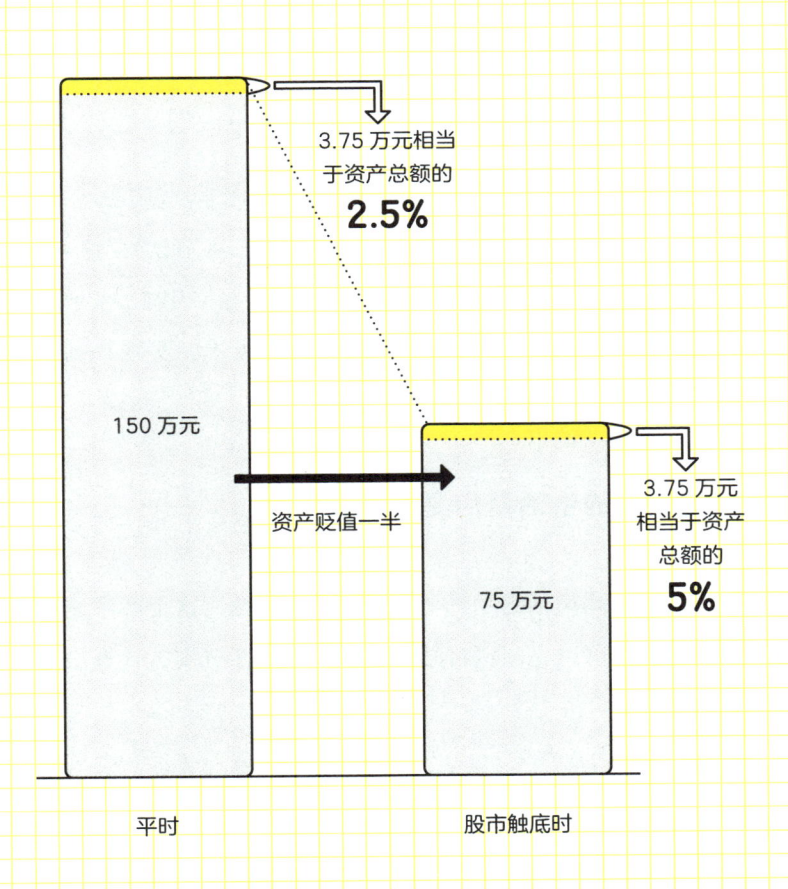

3.75 万元相当于资产总额的 **2.5%**

150 万元

资产贬值一半

75 万元

3.75 万元相当于资产总额的 **5%**

平时　　　　　　　股市触底时

人类是一种对损失极为敏感的生物。因此，**减少亏损带来的负面影响尤为重要**。如果你担心："2.5% 原则真的能让我在退休后生活无忧吗？"请提前阅读本书第 172 页中的相关内容。

11

06　存够多少钱才能提前退休？

用一句话来概括就是积累相当于年均生活费用 20 倍的资产，然后用该资产带来的财产性收入（遵循 2.5% 原则）及劳动性收入来维持生活的模式。那么，在采用 2.5% 原则的前提下，究竟需要达到怎样的资产总额才能实现提前退休呢？

自己一年的生活费用是多少？

我的年均生活费用约为 7.5 万元。当然，这个数字因人而异。大家可以先回顾自己过去 5 年的生活开支，计算出平均值。

进入半退休状态后，能有多少收入？

接下来，请大家思考自己希望实现以下哪种提前退休模式：生活费用的二分之一来自财产性收入，二分之一来自劳动性收入；三分之二来自财产性收入，三分之一来自劳动性收入。相对而言，生活费用更加依赖劳动性收入？如果你对这个问题的回答是"财产性收入和劳动性收入的比例是 10∶0",那么你将过上完全退休的生活。而**生活费用中来自财产性收入的占比越高,则意味着需要准备的资产总额也越高**。因此,我建议大家在回答之前先考虑另一个问题:**在进入半退休状态后能有多少收入?**

另外,我希望大家计算的收入是在扣除国民健康保险、国民年金及各项税款之后的实际收入。假如通过兼职或在互联网上从事商业活动等低强度工作,能够保证每年赚到 5 万元,那么在扣除国民健康保险、国民年金及各项税款后,实际收入只有 3.5 万~4.25 万元。

虽然实际收入的具体数值会受到雇佣方式、地区差异、是否利用税收减免政策等因素的影响而有所浮动,但总体而言会较税前降低 25% 左右。

07 存够多少钱才能提前退休？案例告诉你

例如，某人的年均生活费用为 10 万元，他在开始提前退休生活后每年仍有 6.65 万元的收入（实际收入约 5 万元），则剩余的 5 万元生活费用必须通过财产性收入补齐。因此他在开始提前退休生活之前，必须持有 **"5 万元 ÷ 2.5% = 200 万元"** 的资产。

如果他过着极简主义者一般的低水准生活，也就是将年均生活费用缩减到原先的一半，即 5 万元。那么，劳动性收入可降至原先的一半，即 3.35 万元（实际收入约 2.5 万元），所需的资产总额也可减少一半，降至 **"2.5 万元 ÷ 2.5% = 100 万元"**。

同时，如果此人改变生活费用的来源结构，10 万元生活费用中 2.5 万元来自劳动性收入，其余 7.5 万元来自财产性收入，则所需资产总额将变为 **"7.5 万元 ÷ 2.5% = 300 万元"**。生活费用中来自财产性收入的占比越大，开始提前退休时须持有的资产总额也就越高。因此我建议大家在规划生活费用来源时，财产性收入和劳动性收入各占一半。

基础 1

如果每年支取资产总额 2.5% 的资金……

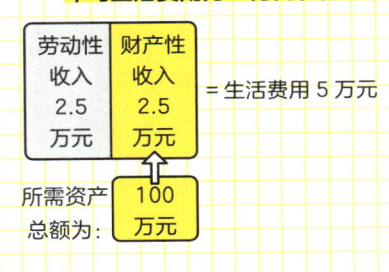

年均生活费用为 10 万元，劳动性收入为 5 万元

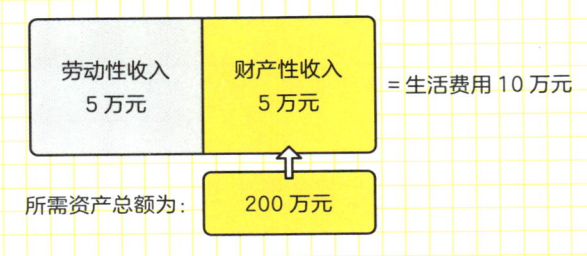

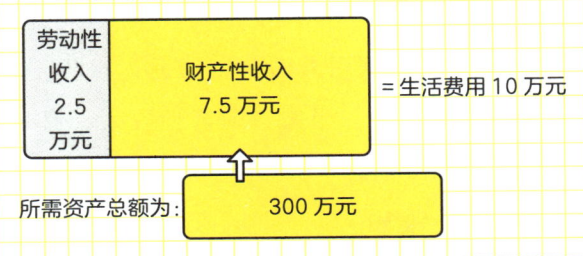

| 劳动性收入 5 万元 | 财产性收入 5 万元 |

= 生活费用 10 万元

所需资产总额为：200 万元

年均生活费用为 5 万元，劳动性收入为 2.5 万元

| 劳动性收入 2.5 万元 | 财产性收入 2.5 万元 |

= 生活费用 5 万元

所需资产总额为：100 万元

年均生活费用为 10 万元，劳动性收入为 2.5 万元

| 劳动性收入 2.5 万元 | 财产性收入 7.5 万元 |

= 生活费用 10 万元

所需资产总额为：300 万元

如果你希望能够尽早实现提前退休，那么关键在于你**如何缩减生活费用，以及增加劳动性收入。**

注：劳动性收入和财产性收入均为税后金额。

08 如何存钱及进一步增加资产呢？

想必大家已经清楚开启提前退休生活所需要的资产总额及收入水准了吧？像前文中提到的那样，我建议财产性收入和劳动性收入各占生活费用的一半。有些人会觉得"自己目前的生活费用为每年15万元，若其中的一半来自财产性收入，则需要提前准备300万元资产，从现在开始达到这样的资产实在有些困难……"

如果有人正面临此种困扰，那么目前的收支比例很有可能与实现提前退休所需的合理数值之间存在较大出入。

合理数值的标准是，==可以储蓄与生活费用同等金额的钱==。

例如，目前的生活费用为每年15万元，如果希望实现提前退休且生活费用的一半来自财产性收入，那么每年必须将与生活费用等额的15万元用于储蓄，由此可计算出实际收入需要达到30万元（年收入税前须达到40万元以上）。

如果目前的实际收入只有20万元，那么在准备开始提前退休生活时，每年15万元的生活费用则略显奢侈，不得不将生活费用缩减至10万元。如果无论如何也不能降低自己的生活质量，就必须跳槽或努力提升技能水平，获取更高的收入。

实际收入所对应的目标生活费用

实际收入	合理的生活费用
10 万元	5 万元
15 万元	7.5 万元
20 万元	10 万元
25 万元	12.5 万元
30 万元	15 万元

注：财产性收入和劳动性收入各占一半。

> 正如第 2 页中提到的那样，只需要比其他人稍微多付出一点努力即可。

09 储蓄率目标：只要 50%！

在真正想要开始过提前退休生活的人群中，有些人会将储蓄率的目标定在 50%，甚至有人会将这个比例定在 70% 或 80%。原因有两个：第一个是实现提前退休所需要的资产总额巨大，第二个是在所需资产总额很高的情况下，如不提高储蓄率的占比，则需要花费很长时间才能实现提前退休的目标资产。

然而我的亲身实践证明，==如果没有相当大的决心与干劲，很难将储蓄率提升至 50% 以上==。

即使目标相对容易实现，如果不能保证 50% 以上的储蓄率，恐怕也需要 20 多年才能开始提前退休的生活。

20 多年，意味着从 20 岁建立提前退休的目标，要到 40 岁才能实现。如果 30 岁才定下目标，那么 50 岁才能实现；如果 40 岁才定下目标，那么 60 岁才能实现……如果太晚，直到退休时才能实现愿望。

当然，即便储蓄率没有达到 50%，自己的资产总额也终有一天能够增长到足以开启提前退休的生活的程度。但==如果在退休年龄以后才能达到相应的资产金额，不过是为自己存下了一笔养老资金，根本算不上实现了提前退休==。

因此，我还是建议大家要以 20 年之内能够实现作为目标。

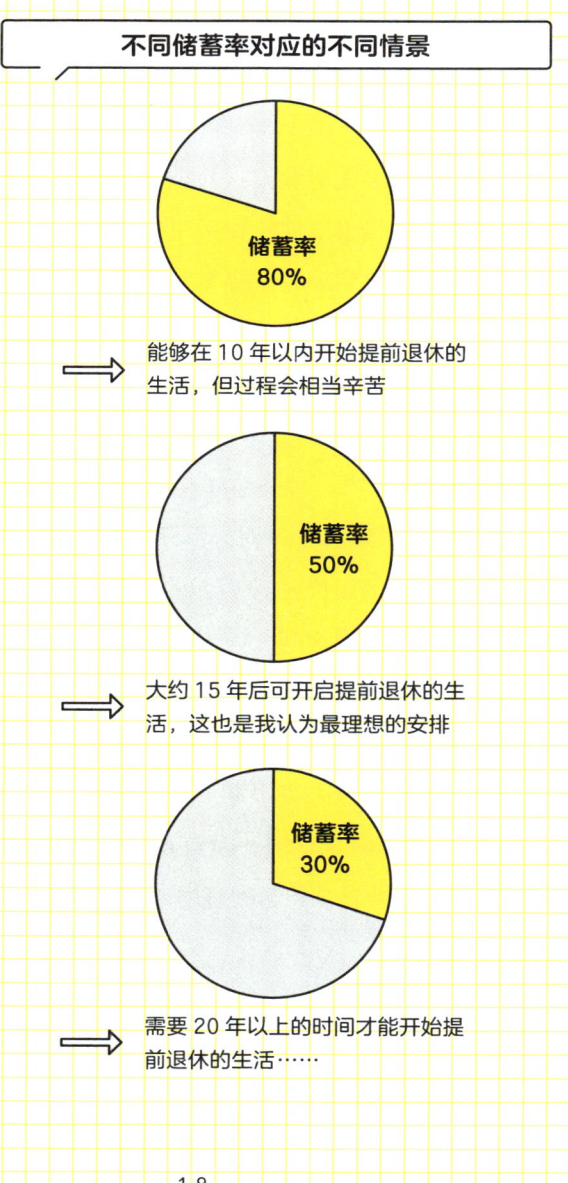

不同储蓄率对应的不同情景

储蓄率 80%

→ 能够在 10 年以内开始提前退休的生活，但过程会相当辛苦

储蓄率 50%

→ 大约 15 年后可开启提前退休的生活，这也是我认为最理想的安排

储蓄率 30%

→ 需要 20 年以上的时间才能开始提前退休的生活……

10 50% 的储蓄率好实现吗?

可能有很多人会觉得:"如果把收入的一半都用作储蓄,生活难免会过得很节俭啊……"事实上,收入会随年龄的增长而增长,所以年轻时保持 50% 的储蓄率会尤其辛苦。

例如,20~39 岁的年轻人到手收入只有 15 万元左右,如果年均生活费用为 10 万元,则可储蓄 5 万元,储蓄率约为 33%。如果想将储蓄率提升至 50%,则生活费用必须控制在 7.5 万元以内。对一部分人而言,这确实是件难事。

但是,到 30~49 岁时,到手收入已经增加至 20 万元。即使生活费用仍保持在 10 万元的水平,每年也能存 10 万元,储蓄率随之上升到 50%。

最重要的是,**即便收入增加,也不要大幅提高生活水平**。如果能做到这一点,那么综合考虑加薪、跳槽带来的年收入增长及副业收入等因素,储蓄率就会随年龄的增长而上升。**20 多岁收入尚低时,没有必要勉强自己去完成 50% 储蓄率的目标**,应该从长远的角度来看待实现提前退休这件事。

储蓄率随年龄增长而上升！

20~39 岁

到手收入 15 万元

| 生活费用 10 万元 | 储蓄 5 万元 |

储蓄率 33%

30~49 岁

到手收入 20 万元

| 生活费用 10 万元 | 储蓄 10 万元 |

储蓄率 50%

重点：即使收入增加，也要维持原本的生活费用！

基础

1
2
3
4
5

21

11　控制物欲爆炸！

基本上所有人在 20 多岁时都会因自我投资或物欲旺盛而导致开销巨大，这就是所谓的"挥霍期"。

如果一个人迟迟未能经历挥霍期，那么他的物欲很有可能会在之后的某个时间节点爆发。因此，==不如说 20 多岁的年轻人最好优先进行自我投资，或者在一定程度上满足自己的物欲，而不要急于积累资产==。

因此，==我建议大家等到 30 多岁收入迈上新台阶后，再开始积累资产==。相信很多人正是觉得自己年过三十，必须开始认真考虑今后的资产问题，才决定阅读本书。

综上，我建议大家等跨过 30 岁的门槛后，收入已经达到一定程度，也平稳度过挥霍期以后，再开始考虑积累资产的事情。

对 30 岁以上的人来说，50% 的储蓄率也不再是一个不可能完成的任务。

基礎

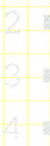

1

12 如何找到适合自己的提前退休之路

每个人的收入和生活费用都各不相同，因此开始提前退休的生活所需要的资产总额也因人而异，很难断言"只要攒够××万元就能实现目标"。此外，每个人开始行动时的收入也会因年龄不同而有较大差异，所以20岁开始和40岁开始的困难程度，也会有所不同。

但是，我虽然很难告诉大家实现提前退休的具体标准，但可以介绍3种实现提前退休的模式供大家参考。

为了方便大家理解，我将3种模式中生活费用的来源设定为财产性收入和劳动性收入各占一半，在此基础上对3种模式分别进行模拟推演。大家没有必要完全代入自身的情况，但是可以将这3个模式作为参考来思考如何实现提前退休。

另外，我把开始年龄均设定为30岁，因为此时开始行动的性价比最高。

① 不擅长赚钱但擅长存钱的
存钱高手→ 26 页

推荐给难以增加年收入，但擅长节约或可以适应极简生活的人。在不勉强自己的前提下尽量节俭，通过储蓄让资产增长吧！

② 擅长赚钱但不擅长存钱的
赚钱高手→ 28 页

推荐给年收入高于平均水平，但不擅长节俭的人。埋头工作努力赚钱吧！

③ 既能赚钱又能存钱的
全能人士→ 30 页

适合拥有强大意志力的人。这类人群收入高于平均水平且能够努力存钱，希望用最短时间完成提前退休的目标。我也是这种类型。

基础

1
2
3
4
5

不擅长赚钱但擅长存钱的
"存钱高手"

年收入 19 万元
（实际到手 15 万元）
- 年均生活费用：7.5 万元
- 年均储蓄额：7.5 万元

所需资产总额 150 万元

到手收入为 15 万元，生活费用为 7.5 万元的存钱高手。如果她希望在开始提前退休的生活后，用"财产性收入 3.75 万元和劳动性收入 3.75 万元"来维持生活，那么在开始前她需要准备"3.75 万元 ÷ 2.5% = 150 万元"的资产。

她的年均储蓄额为 7.5 万元，如果将其中 80% 的资金，即 6 万元（平均每月 5000 元）用于投资理财且年收益率能够达到 5%，那么积累 150 万元资产大约需要 16 年。

基础

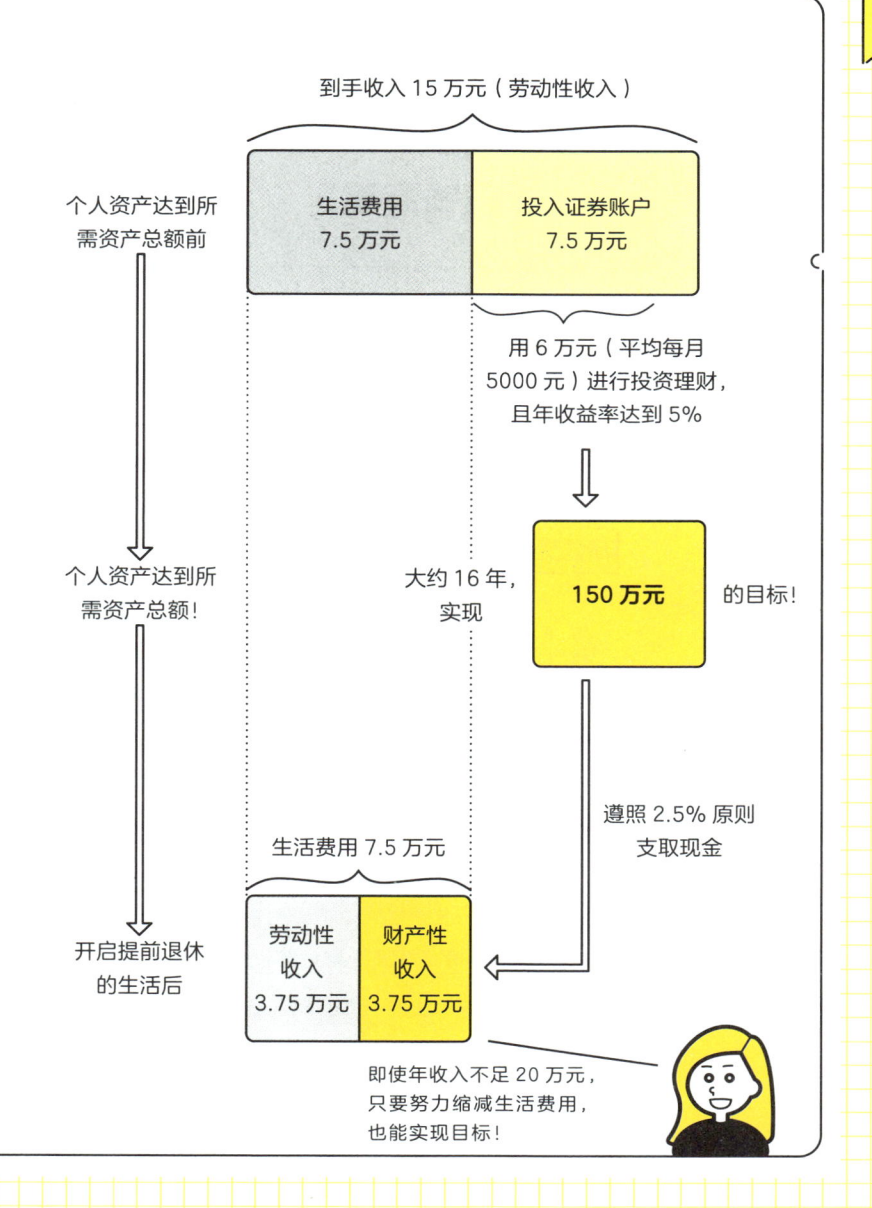

1

到手收入 15 万元（劳动性收入）

| 生活费用 7.5 万元 | 投入证券账户 7.5 万元 |

个人资产达到所需资产总额前

用 6 万元（平均每月 5000 元）进行投资理财，且年收益率达到 5%

大约 16 年，实现 **150 万元** 的目标！

个人资产达到所需资产总额！

遵照 2.5% 原则支取现金

生活费用 7.5 万元

| 劳动性收入 3.75 万元 | 财产性收入 3.75 万元 |

开启提前退休的生活后

即使年收入不足 20 万元，只要努力缩减生活费用，也能实现目标！

27

擅长赚钱但不擅长存钱的
"赚钱高手"

年收入 **26 万元**
（实际到手 20 万元）
- 年均生活费用：10 万元
- 年均储蓄额：10 万元

所需资产总额 **200 万元**

到手收入为 20 万元，生活费用为 10 万元的赚钱高手。

如果希望在开始提前退休的生活后，用"财产性收入 5 万元和劳动性收入 5 万元"来维持生活，那么在开始前她需要准备"5 万元 ÷ 2.5% = 200 万元"的资产。

她的年均储蓄额为 10 万元，如果将其中 80% 的资金，即 8 万元（平均每月约 6650 元）用于投资理财且年收益率能够达到 5%，那么积累 200 万元资产大约需要 16 年。

基础 1

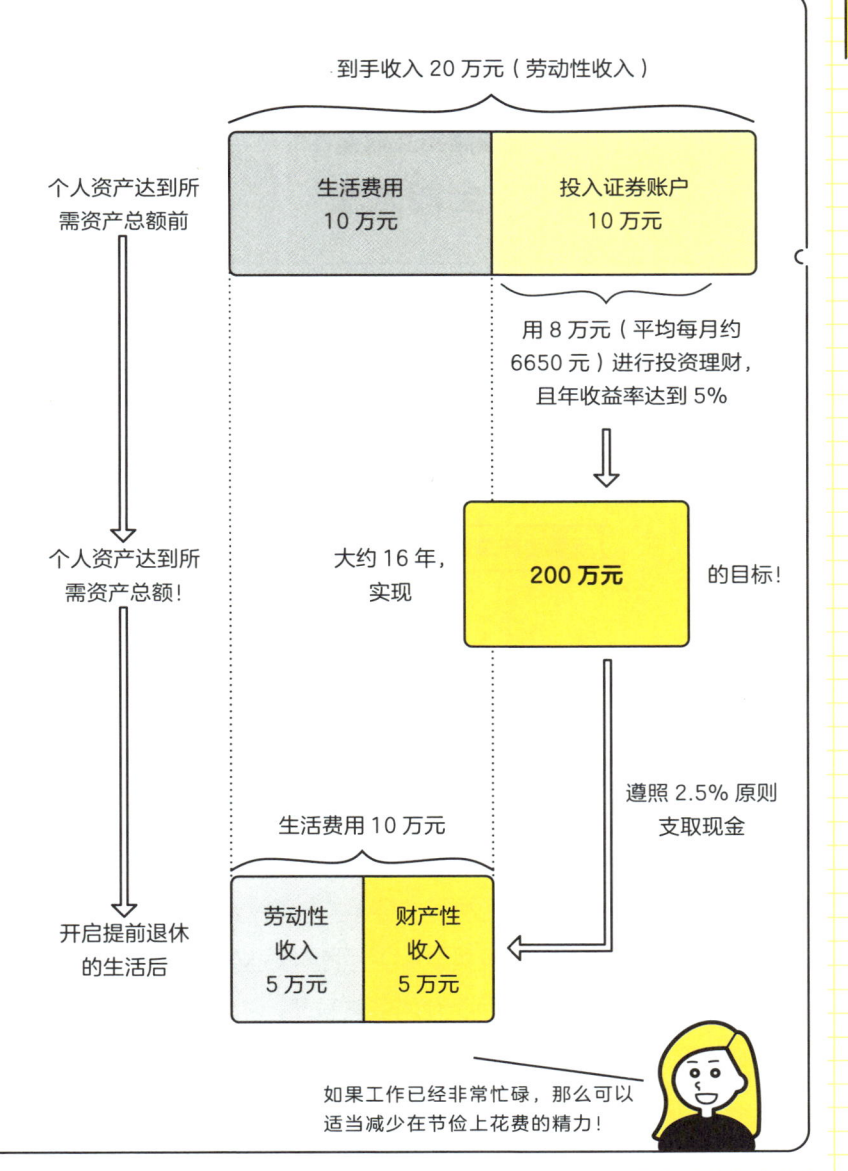

到手收入 20 万元（劳动性收入）

| 生活费用 10 万元 | 投入证券账户 10 万元 |

个人资产达到所需资产总额前

用 8 万元（平均每月约 6650 元）进行投资理财，且年收益率达到 5%

大约 16 年，实现 **200 万元** 的目标！

个人资产达到所需资产总额！

遵照 2.5% 原则支取现金

生活费用 10 万元

| 劳动性收入 5 万元 | 财产性收入 5 万元 |

开启提前退休的生活后

如果工作已经非常忙碌，那么可以适当减少在节俭上花费的精力！

29

既能赚钱又能存钱的
"全能人士"

年收入 26 万元
（实际到手 20 万元）
- 年均生活费用：7.5 万元
- 年均储蓄额：12.5 万元

所需资产总额 150 万元

到手收入为 20 万元，生活费用为 7.5 万元的全能人士。如果希望在开始提前退休的生活后，用"财产性收入 3.75 万元和劳动性收入 3.75 万元"来维持生活，那么在开始前她需要准备"3.75 万元 ÷ 2.5% = 150 万元"的资产。

她的年均储蓄额为 12.5 万元，如果把其中 80% 的资金，即 10 万元（平均每月约 8350 元）用于投资理财且年收益率能够达到 5%，那么积累 150 万元资产大约需要 11 年。

基础

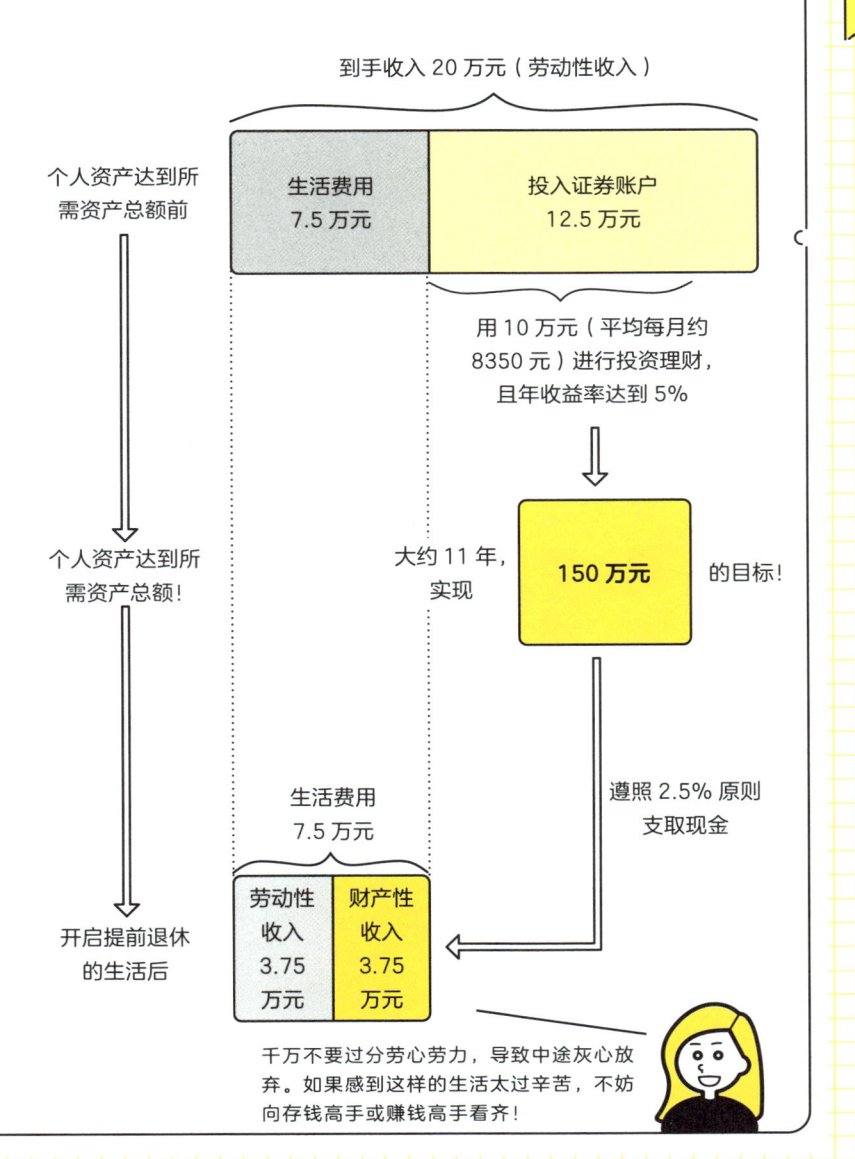

1

到手收入 20 万元（劳动性收入）

| 生活费用 7.5 万元 | 投入证券账户 12.5 万元 |

个人资产达到所需资产总额前

用 10 万元（平均每月约 8350 元）进行投资理财，且年收益率达到 5%

大约 11 年，实现 **150 万元** 的目标！

个人资产达到所需资产总额！

遵照 2.5% 原则支取现金

生活费用 7.5 万元

| 劳动性收入 3.75 万元 | 财产性收入 3.75 万元 |

开启提前退休的生活后

千万不要过分劳心劳力，导致中途灰心放弃。如果感到这样的生活太过辛苦，不妨向存钱高手或赚钱高手看齐！

JOB

第2章

职场新人的提前退休之路

通过阅读第 1 章的内容，想必大家已经明白应该怎样调整自己的收入及支出的比例，才能实现提前退休。在本章中，我将向大家介绍"赚钱"的相关知识，它也是通向提前退休的第一步。本章的重点是，"比其他人稍微多赚一些钱，少支出一些生活费用"。

大家可以尝试践行以下 3 点：

①通过主业获取一定收入；

②通过副业每月赚取 2500 元，加快资产的积累速度；

③通过极简生活实现储蓄率 50% 的目标。

01 收入就是主业 + 副业

近年来，越来越多的人开始尝试拓展副业。但是，**我希望大家能够优先做好主业工作，主要通过主业赚取财富**。

因为，副业终究只是一份"副"业，除非取得巨大的成功，否则**主业仍是收入的最主要来源**。

虽然我目前确实成功将副业转变为主业，但如果综合考虑社会保险、退休金、公司福利待遇等只有公司职员才能享受的待遇，我并不推荐大家成为自由职业者。

实际上，自由职业者的收入必须达到公司职员收入的 1.5～2 倍，才能享受到与公司职员基本相同的各项保险服务与福利政策。

可自由职业者若想赚取 2 倍于公司职员的收入是非常困难的，能够做到的人寥寥无几。不仅如此，据说目前自由职业者的平均年收入尚不满 20 万元，甚至低于公司职员的平均水平。

3 种模式分别对应的目标年收入

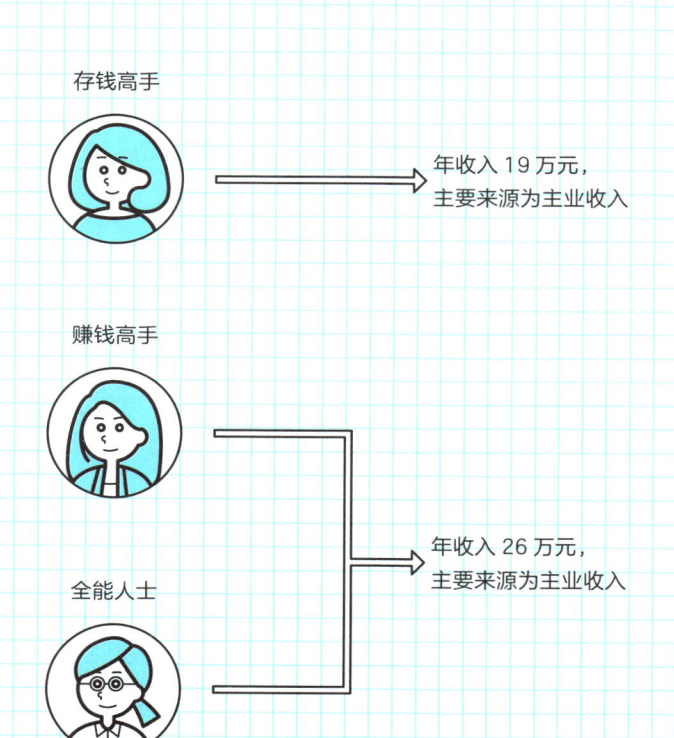

存钱高手 → 年收入 19 万元，主要来源为主业收入

赚钱高手

全能人士

→ 年收入 26 万元，主要来源为主业收入

"赚钱"是积累资产的必经之路。比起副业，**作为公司职员赚取资产的效率更高！**

赚钱

02 想提高收入，你可以考证或跳槽

我建议大家，如果取得一些资格证书能帮助大家升职加薪，就努力取得证书，如果转到公司内其他部门可能获得更高工资，就争取内部转岗。

我也曾通过获取资格证书，在公司内成功转到专业技术岗位。正因如此，我在 20 岁出头从事事务性工作时年收入只有 15 万元左右，到 25 岁之后便增长到 20 多万元，30 岁之后更是超过了 25 万元。

如果我当时一直从事事务性工作，恐怕年收入很难超过 20 万元。

在转到技术部门后，我为了能在这条路上走得更远，学习了很多专业知识。那家公司的工资结构中绩效占有很大比重，技术越精湛，收入就越高。不断增长的工资给我带来了巨大的成就感。

然而，也有一些公司的工资结构极其不合理，无论员工怎样努力也看不到加薪的希望。

遇到这种情况，就应该当机立断趁早跳槽。

我常听到这样的成功案例：某人认真准备并顺利跳槽，虽然职业类型并没有变，但年收入却增长了 5 万多元。因

此，如果你不幸在一家无法对你的努力给出合理回报的公司工作，就应当尽早跳槽。

虽然跳槽会劳心费力，却有奋力一试的价值。首先必须要行动起来。

03 选择主业时，要注重"报酬"和"意义"

如果只看重工资而从事一份自己并不喜欢的工作，那实在是本末倒置。

我之所以会这样说，是因为虽然提前退休是一个很好的目标，但如果为了实现目标而导致自己的生活异常艰辛，那无异于浪费了数年人生。

因此，请一定要将获得的报酬和工作的意义放在天平的两端，并经常衡量二者的分量。

无论是赚钱还是存钱，总是勉强为之都很难长期坚持。

希望大家能够以从事自己理想的工作为大前提，并在此基础上思考如何让收入水平更上一层楼。

赚钱

在为了实现提前退休而奋斗的过程中,最重要的是**快乐赚钱、快乐存钱、快乐地增加资产**。

04 下班开始新生活，副业才要赚更多！

在主业相对稳定后，我强烈建议大家慢慢尝试开展副业。

我即使在成功加薪后也未能跻身高收入人群之列，所以**开始拓展副业来赚取更多财富**。

此外，在开启提前退休生活后，副业也将成为至关重要的收入来源。如果能在辞掉全职工作前就有一份稳定的副业收入，想必辞职时的心态也能更加平和。

以我为例，我开通了博客账号来普及积累资产的相关知识，介绍能够积攒乐天积分的积分活动等。

这个账号最初完全没有收益，但我通过不懈努力逐渐取得了成果。那时，我所有副业的收入总和也不过是每月1500～2500元。即便如此，**拥有主业以外的收入来源还是让我变得颇有底气**。

个人开展商务活动，一开始难免会因赚不到钱而感到挫败，但只要坚持下去总会获得回报。

因此，即使开始时无数次想要放弃，也千万不要半途而废。**细水长流、坚持努力最为重要**。

赚钱

个体生意就是这样,**有时运不济的时候,也有站上风口的瞬间。**
但是,贵在坚持!

05 哪种副业适合你？

最具代表性的副业主要有：文案写作、动画制作、二手转卖、网络推广、短期兼职，以及最近兴起的外卖配送等工作。

人各有所长，大家可以广泛搜罗信息，**选择感兴趣的或能够胜任的副业**。

我擅长运营博客及视频等账号来展现自己，而不擅此道者则可能适合从事文案写作、动画制作等外包类工作，或二手转卖等销售类工作。

也许有人想问："哪个工作赚得最多？"但这个问题的答案因人而异，我也难以给出标准答案。但是，不同的副业有着各自的特点，如运营视频账号等媒体类工作虽然需要花费很多时间，但一旦踩中热点就可能收入暴涨；而文案写作等外包类工作，只要完成任务便能获得报酬，但收入比较固定，很难产生太大浮动。

副业的种类

赚钱

媒体类

博客，视频，等等

销售类

二手转卖，原创商品销售，等等

⟹ 虽然花费时间精力，但若踩中热点便可大赚一笔

外包类

文案写作，动画制作，编程，短期兼职，等等

⟹ 收入不会产生太大浮动，但有所保障，能获得与工作量相符的报酬

我建议大家先从收入有保障的外包类工作开始做起，在掌握一定技术后，再运营自己的博客或视频账号。

06 副业至少要尝试 3 种

我建议大家从海量副业当中，**先选出 3 种尝试**。

这是因为，即使是那些看似难以胜任的工作，在尝试后也可能进展得异常顺利。

对我而言，二手转卖的工作难于登天：一是我的房间狭小，没有多余的空间来存储货品；二是即便是暂时性的，我也无法忍受家中物品增多。

另外，我生性懒散，连在二手交易平台上转让自己的闲置物品也会觉得麻烦，所以很早便意识到自己并不适合此类工作（不过大家都说二手转卖是最容易产生收益的副业，所以对适合此类工作的人来说或许是一份不错的副业）。

我在前文中曾提到坚持做一份工作非常重要，但**在起步阶段，早早放弃那些绝对不适合自己的工作也同样重要**。尽管很难判断是否适合自己，但我还是希望大家能够结合自身性格做出正确判断。

另外，我在开始运营视频账号前，也曾因其难度较高且自身不善言谈而有所迟疑，但下定决心开通账号后，反而比博客进展更为顺利。我并非专业的视频制作者，所以剪辑也相对简单。但是从结果来看，流量的高低与剪辑质量似乎无甚关联。

赚钱

2

我们无法得知哪种副业能够顺利发展，所以不妨从自己感兴趣的开始！

07 副业有趣却没收益，我还要坚持吗？

自己感兴趣的工作并不能带来收益，而对于能带来收益的工作又不感兴趣，在商业领域中这种情况屡见不鲜。副业也是如此。

虽然我很喜欢写博客并且也在一直坚持，但这份副业并没有给我带来太大收益（第 1 年的月收益只有几元，直到第 3 年才突破 500 元大关）。

如果是这种情况，我建议大家**只要还乐在其中，就尽量不要放弃这份副业**。若能从工作中收获快乐，那即使没有获得收益，至少也能将其当作兴趣爱好一直坚持。如果它逐渐能够带来收益，也是一份意外之喜。

然而，长期做没有收益的工作，很难赚取财富。因此，可以在十分热爱却收入微薄的副业之外，再做一份能够带来稳定收入的副业（如外包类工作等），来弥补资金不足的问题。

我们的目标是：每月通过副业获得 2500 元左右的收入。

希望大家能够在几份副业之间找到平衡，使副业带来的收入总和达到这一预期目标。

坚持能够愉悦身心的副业！

虽然有趣但无法带来收益的副业

＋

能带来稳定收益的副业

⇩

目标：每月赚 2500 元

赚钱

08 动动手，这两个副业就能有收入

如果想发展副业却不知应该从何处入手，**我推荐大家可以先尝试博客运营和积分活动**。关于积分活动将在后文详述，此处先给大家介绍一下博客运营。如果大家希望日后成为自由职业者，那么博客运营就是你的必选项。

同样是博客，也有赢利与不赢利之分。

能带来收益的博客一般会开展专门的博客营销来出售物品或信息。但我在此向大家推荐的并不是此类博客，而是**可以打造成"个人平台"的博客网站**。

我目前主要运营一个名为"30岁退休"的博客。这个博客本身无法带来高额收益，但我之所以仍在坚持运营，是因为它给我的视频账号带来了流量，产生了大量积分并帮助我从品牌方获得了更多的工作邀约，从而产生间接收益。

这个博客网站已经成为我的个人平台和第二张名片。如果我能一直运营这个博客，我的个人知名度也能有所提升。

因此，特别是对那些希望在实现提前退休后成为自由职业者，并降低工作强度的人而言，博客运营是最好的副业。即便不做长远考虑，博客运营也是在互联网上开展商业活动最简单的方式，不妨以此为起点挑战一下经营个人平台。

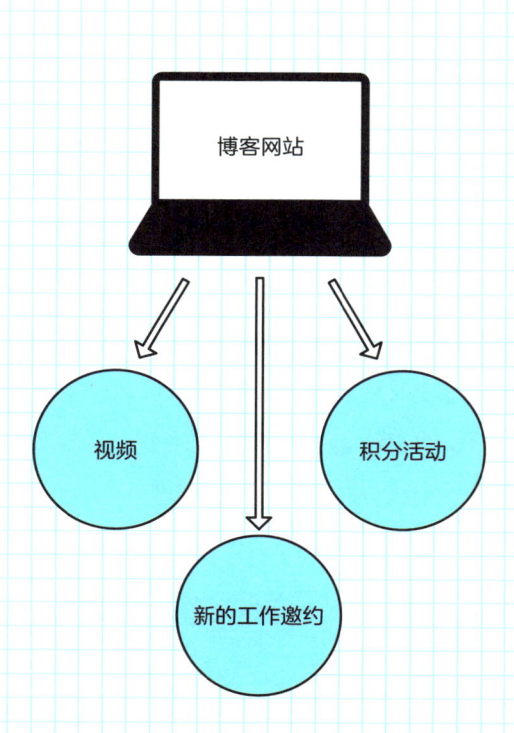

赚钱

博客网站

视频

新的工作邀约

积分活动

09 赚积分也是出色的副业！

我已向大家简单介绍了各种类型的副业。或许还是有很多人会觉得："我的主业工作已经非常忙碌，个人时间十分有限，很难做一份副业……"

如果有人有这种烦恼，我建议可以考虑积分活动。

之所以向大家推荐这项活动，是因为它没有任何技术门槛，**任何人都能每个月轻松积累 500～1000 元的积分**。

我甚至想建议所有日本人都加入乐天经济圈来获取乐天积分。当然，我自己也一直在坚持此事，且已经累计获得了超过 100 万乐天积分。

即使如我般生活费用较少、支出低于平均水平的人，也能积累相当可观的额度的积分。

乐天经济圈

"乐天经济圈",是指在各种生活场景中使用乐天提供的服务,积极高效地积累并使用积分。如果使用乐天提供的多项服务,则积分回馈率(SPU)将大幅上升,获取积分的效率也会随之提高。

乐天提供的主要服务

- 乐天市场
- 乐天证券
- 乐天移动
- 乐天旅行
- 乐天书店
- 乐天生命保险
- 乐天信用卡
- 乐天银行
- 乐天美容
- 乐天票务
- 乐天支付
- 乐天保险

等等

我 15 年前就已成为乐天用户,多年来积累了大量积分,如今每月能稳定获得 1 万积分。**所以,参与积分活动也是一份出色的副业。**
而且我们几乎不需要为得到这些积分付出任何劳动,**不如说这是一种不劳而获的方式。**
通过使用乐天提供的上述服务可以将 SPU 提升到初始水平的 6 倍以上,如果每月都能在购物节活动期间在乐天市场上购买 2000 元左右的商品,仅凭这一项就能轻松获取 8000 分左右的积分!

10 用信用卡买信托投资基金，每月可获得积分

我在此想向大家介绍这样一项服务：**使用乐天信用卡，每月能够在乐天证券购买最高 2500 元的信托投资基金**。

乐天推出的该项服务极为划算。乐天信用卡的积分规则是，回馈积分值为信用卡消费金额的 1%。因此，只是购买信托投资基金，每月便可获得 500 积分。

投资理财是开启提前退休的生活的必要条件。

使用乐天信用卡购买信托投资基金，**既能通过基金定投积累资产，同时又能获得大量积分**，可谓是一举两得。

因此，除了我自己之外，我还将对投资理财毫无兴趣的丈夫的基金定投金额设定为 2500 元。

关于使用乐天信用卡进行基金定投的具体事项，我将在第 120 页中详细解释。大家只需要记住：不买就是损失。

如何获得 500 积分？

赚钱

乐天信用卡 →（使用乐天信用卡购买信托投资基金）→ 乐天证券

① 在乐天证券进行基金定投，基金持有份额上升

＋

② 通过乐天信用卡获得 500 积分

积分回馈率为 1%，**相当于年收益率为 1%**。这项服务相当划算！

11 用好积分网站也能赚大钱

在乐天经济圈内购物时，另一个关键词就是"**积分网站**"。

在乐天市场消费时，只需经由积分网站完成购物，就能获取双倍积分。首次使用乐天的某项服务时，只需经由积分网站申请开通，就能获取大量积分。前者可获取相当于消费金额 1% 的积分，后者，如注册乐天信用卡时，可获取 1000~10000 不等的积分。

现在有很多积分网站可供选择。我常用的是名为"HAPITAS"的网站，原因有三个：第一，与其他网站相比，它的积分返利率较高；第二，页面简洁，一目了然；第三，积分计算规则简单。

当然，选择使用哪个积分网站完全取决于个人喜好，大家可以根据自己的偏好来选用其他网站。总而言之，我建议大家在积分网站注册账号，养成利用它来赚取积分的习惯。如此一来，**每月可轻松获得几千积分，多加努力甚至能够获得几万积分**。

申请信用卡，或者开通加密资产账户时，每次可获取一定的积分并且积分可兑换现金；在参加不动产投资等主题研讨会时，每次可获取相当于 500~1500 元不等的积分。但**如**

果使用这些服务时未经由积分网站，就无法获得任何收益。我从前做公司职员时，曾为了学习相关知识参加过此类研讨会，顺便积攒了数千积分。

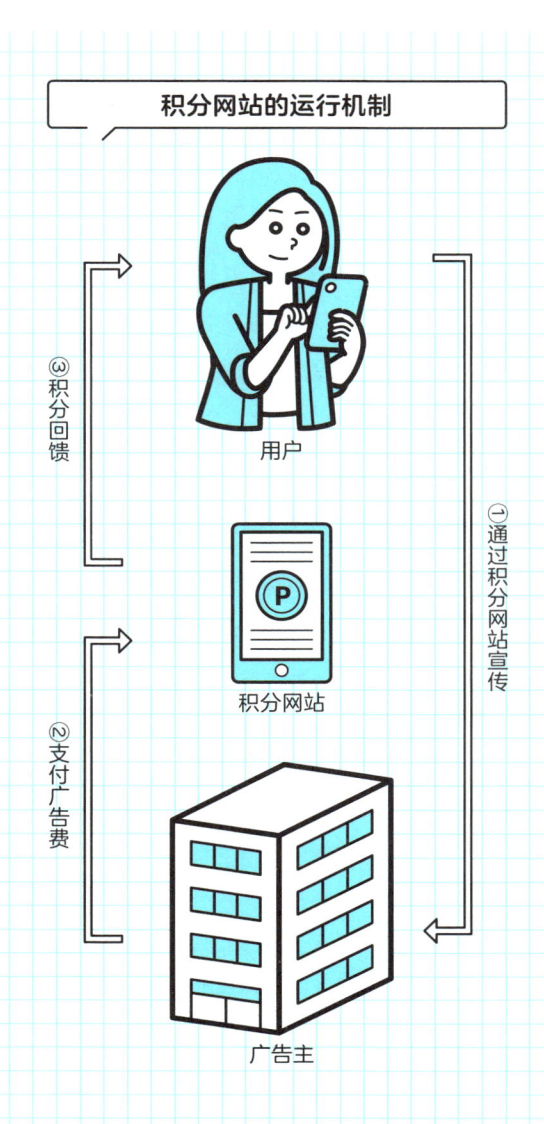

积分网站的运行机制

用户

积分网站

广告主

① 通过积分网站宣传

② 支付广告费

③ 积分回馈

12 没有本金，一切都是空谈

看到这句话，不知大家做何感想？是不是很多读者都觉得，赚钱的过程非常辛苦呢？从我博客和视频账号的评论区来看，每个人都在为赚钱而奔波劳碌。

正因赚钱辛苦，人们才会想通过投资来让自己的资产迅速增加。然而，**普通投资者的平均年收益率却只有5%**。

这意味着，如果投资5万元，则一年后可以得到2500元的收益。如果投资50万元，则一年后可以得到2.5万元的收益。当然，2.5万元也是很可观的数目。但是**如果手上没有一定本金的话，就无法通过投资获得太大收益**。

也就是说，**积累资产既没有秘诀，也没有捷径**。

因此，我虽然深知"赚钱"是积累资产过程中最困难的部分，但还是希望大家能够先做好主业，找到合适的副业。并且，在积累一定程度的能够作为启动资金的本钱以后，再酌情考虑投资事宜。

投资收益随本金的增加而增加

本金为 5 万元时

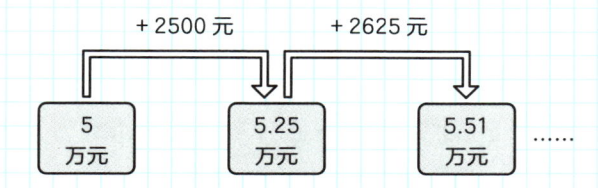

+ 2500 元　　+ 2625 元

5 万元 → 5.25 万元 → 5.51 万元 ……

⇒ 只能获得 2500 元、2625 元量级的投资收益，资产增速慢

本金为 50 万元时

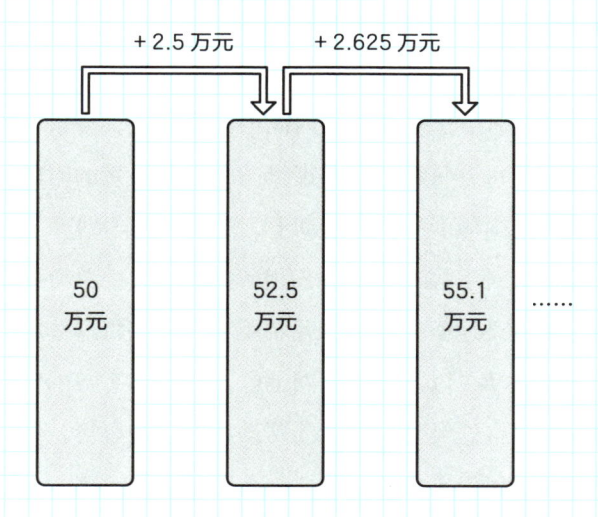

+ 2.5 万元　　+ 2.625 万元

50 万元 → 52.5 万元 → 55.1 万元 ……

⇒ 能够获得 2.5 万元、2.625 万元量级的投资收益，资产快速增加

赚钱

13 提前退休，攒好每一分钱

我在积累资产的漫长过程中总结出一条最为关键的准则，那就是：**要重视手中的每一分钱**。

例如，有些积分活动的金额很小，点击鼠标仅能获得1积分。但我只要有空闲时间，就会逐个点击来收集全部积分。**我如今虽已拥有足够的财产性收入和个人事业收入，却仍旧坚守着这一习惯丝毫不敢懈怠**。

很多人觉得参加这类积分活动的性价比不高。当然，对于企业经营者、医生等单位时间内能够创造很高价值的人而言，他们的每分每秒都不容虚掷。将如此宝贵的时间浪费在只能获得很少额度的积分活动上，那实在很不划算。

但是，对于普通人来说，相信大家一天中总有大量时间都在毫无意义地摆弄手机。我希望大家能够将这些时间用来参加积分活动，以及在互联网上收集对自己有益的信息或寻找博客素材。这类活动不仅能帮助我们放松心情，还能带来大量收益，何乐不为。

赚钱

2

专栏

为什么更建议大家仍和社会保持联系？

在很年轻时完全退休，失去和社会的联系，对普通人来说或许是一件异常痛苦的事情。虽然那些觉得工作很辛苦而渴望提前退休的人或许暂时意识不到这一点。

其实适度劳动，以及和社会保持一定程度的联系都是个人获得幸福的必要条件。

关键是要"适度劳动"。然而日本人，特别是公司职员，往往面临劳动时间过长的困境。

我也曾有过这样的经历：终于找到一份有意义的工作，但每天的工作时长超过 12 小时，根本没有时间做工作以外的事情。这种情形很难被称为"适度劳动"。

如果当初的工作能稍微轻松些的话，我大概也不会选择提前退休的道路了。

其实我的母亲是实现了提前退休的人。

母亲高中毕业后便入职某家公司，直到50多岁仍在从事全职工作。

但她从45岁左右开始，就因自身能力的不断减退和下属们的年少有为而感到极大精神压力，被工作折磨得身心俱疲。

正好在母亲即将迈过50岁大关时，公司开始动员50岁以上的员工提前退休，并承诺提供高额的退休金作为补偿。母亲当即决定向公司提出申请，并在50岁左右时顺利提前退休。

为什么母亲能够如此果断地做出决定呢？因为她那时已经将两个孩子都送入大学，同父亲一起积累了足够养老的资产。另外，提前退休也能获得更多退休金，所以她才会当机立断决定提前退休。

但是，母亲在休息了两三年后，又重新回到了原公司上班。不过这一次的工作时间与从前相比有所缩短，一周只需工作3天。

专栏

　　当时原公司发来邀请，表示公司人手不足，希望经验丰富的母亲能够回去帮忙。母亲考虑到公司这次为她安排的是一线岗位，而不再是从前的管理岗位，压力较小，故而欣然接受邀请。

　　如今，年近70的母亲仍在那家公司继续工作。
　　母亲是提前退休生活的探索者，先于我很久之前便选择了长期从事低强度工作的生活模式。

　　母亲的同龄人现今都已赋闲在家，可她却仍在勤恳工作。在我看来，这是非常理想的生活状态。而同样早早开启了提前退休的生活模式的我，也希望自己今后能够细水长流，坚持从事相对轻松的工作。
　　我目前的工作并没有统一的退休年龄，所以如果条件允许，我希望自己直到80岁也仍能"老有所为"。

　　日本作家橘玲在《幸福资本论》一书中提出，金融资产、人力资本、社会资本是幸福的三大支柱。简单来说，金融资产是指实现经济自由所需要的金钱，人力资本是指自我实现所需要的个人能力，而社会资本则是指个人与共同体之间的联系。

如果一个人过上提前退休的生活，他便会同时失去其中的"人力资本"和"社会资本"。

我的母亲在经历过两三年的提前退休的生活后，却主动选择告别这种生活状态，重新开始做低强度的工作。同样，我也选择了和母亲一样的生活方式，希望自己独一无二的想法与经验能够不断创造价值，在与社会保持最低限度的联系的同时，自由自在地享受工作带来的乐趣。

第 3 章

提前退休——低物欲版

想要实现提前退休，在努力赚钱的同时，也要努力存钱。但我并不建议过度节俭，因为这样可能会造成巨大的精神负担。

在本章中，我将向大家介绍一系列合理且健康的存钱方法。

01 从今天起，做个低物欲主义者

积累投资资金的方法与减肥完全相同。

减肥时只要少吃多动就能见效。同理，**储蓄时只要少花多赚就能成功**。

减肥与储蓄就像是横亘在世人面前的两座高山，翻越它们的方法无比简单，但翻越本身却又是永恒的难题。这实在是"知易行难"四字最好的注脚。

究其原因，无外乎每个人都有的食欲、物欲和虚荣心。

因此，人们若想翻过这两座大山，就必须不断对抗自己的欲望。

一开始或许会感到痛苦，但随着斗争深入却又会逐渐适应这种生活。人类是一种适应性很强的生物，一旦养成习惯便会乐此不疲。

如果大家能够积极践行接下来介绍的坚持储蓄的3个秘诀，那么一年后便会逐渐适应需要储蓄的生活，两年后就已经能够毫不费力地完成储蓄目标。

坚持储蓄的 3 个秘诀

❶ 设定具体的目标金额

如果没有明确目标，任何任务都很难完成。首先，请参考本书第 14 页的相关内容，计算出自己开启提前退休的生活所需要的资产总额。当想要大手大脚花钱时，不妨想象一下将来实现了财富自由的生活图景，克制住当下的消费冲动。

❷ 正确顺序：赚钱—存钱—增加资产

刚开始储蓄时，很多人都想通过投资一夜暴富。可实际上如果没有一定本金的话，很难通过投资获得巨大收益。虽然坊间的确流传着用几千元赚到几百万元的成功故事，但是**那样的奇迹需要才能和运气共同造就。**

我希望大家能认识到，如果没有本金一切都是空谈，所以首先要集中精力储蓄。尽管在这个过程中，很多人可能都会因存款金额迟迟无法增长而感到灰心，但请大家一定要坚持下去。

❸ 将资产视作自己的分身，悉心培育

我认为，一个人的资产就是自己的分身。

曾经，我也进行过大量自我投资，但某一天我突然意识到**自己只是个普通人，此生能赚到的钱非常有限。而资产则不然，它可以自行快速增长。**

因此，希望大家也和我一样，将资产看作未来某天能给自己提供帮助的可靠伙伴，悉心照料。

02 低物欲主义是过合理且舒适的生活

如果让我推荐一种存钱方法,那一定是**"极简生活"**,而不是单纯的节约。所谓极简生活,要求大家**省去一切无用之物,尽可能将生活变得合理且高效**,是一种不追求物品的数量和外观,而**优先考虑合理性的生活方式**。

极简生活的理念发源于建筑家密斯·凡·德·罗的设计风格。我在攻读建筑学学位时便非常崇拜这位建筑师。

我如今的住所比较窄小,只在家中摆放能够放置且非常心爱的物品。我逐渐减少了床、沙发、钱包等无用之物,甚至饭食也每日只吃一两顿。

但我会积极购买能给生活带来便利的家电产品,并在家里摆放了许多自己喜爱的艺术品和观叶植物。极简生活绝不是盲目减少物品数量,而是**过合理且舒适的生活**。

希望大家都能把握好上述准则,否则很可能会扔掉很多必要或珍贵之物,或执着于减少物品数量反而忽视了追求合理性这一原本的目的。

> "Less is more."（少即是多。）

极简主义设计风格的倡导者
——密斯·凡·德·罗

工业革命以前的建筑

装饰繁复，对技术要求极高，只有熟练匠人才能完成。当时人们认为不加繁复的装饰便无法彰显建筑的价值。具有高度艺术性。

⇩

近代以来，随着全球人口的爆炸性增长，人们不再花费大量的时间和精力追求艺术性，转而追求生产效率，**不断研究如何才能更加快捷省事地批量生产商品。**

⇩

密斯·凡·德·罗所倡导的极简主义设计风格

考虑到量产需求，就要彻底舍弃装饰，极尽简约。致力于打造规格化、标准化的产品，崇尚合理性与功能性。

> 苹果公司也在践行这种崇尚合理性的极简主义思维。

存钱

03 践行低物欲主义，就能更早提前退休

　　节约有两种类型：一种是**节约金钱**，还有一种是**节约时间**。

　　提到节约，可能很多人只会关注金钱方面的节约。但**在积累资产的过程中，赚钱也需要花费相应的时间，所以节约时间同样非常重要**。

　　极简生活则要求我们同时重视这两者。

　　以目前非常流行的节约方法——自制便当和自带水杯为例。我在20多岁时也曾日复一日带便当和水杯去上班。这样做诚然能够减少开销，但如果考虑到制作便当和清洗餐具的时间，这样做是否真的称得上是节约呢？

　　我逐渐意识到，如果将这些时间用在其他事情（如副业等）上，或许能获得更高的收益。因此，我有时直接放弃吃午饭，有时在公司附近的便利店或便当店购买午饭，饮水问题则通过在公司常备大箱瓶装饮料来解决。

　　如此一来，不仅省去了准备午饭的麻烦，也大幅精简了通勤时携带的物品。

　　由此可见，**时下流行的节约方法未必百分百适用于每个人**。

存钱

极简生活的优点

住小房子	节省房租（节约金钱），缩短打扫时间（节约时间）
不放置床、沙发	可以有效利用有限的空间，节省购置费用，节省搬运费用，省去打扫的麻烦
不买生命保险	节省保费，省去规划和管理的麻烦（单身的情况下）
不使用钱包	减少个人物品，节省购置费用，通过无现金支付获得积分，省去管理账单的麻烦
每天只吃一到两顿饭	节省伙食费，有减肥抗衰的效果，省去做饭和收拾的麻烦
购买能给生活带来方便的家电产品	节约时间
生活空间里只有心爱之物	无价之宝

比起节省支出，更重要的还是设法提高收入。 如果为了节约而浪费时间或减少收入，那实在是得不偿失。
希望大家能时常将金钱和时间放在天平的两端，仔细斟酌哪一个更重要。

04 这样做，成功实现储蓄率 50%

我自己也一直过着极简生活。下面这份家庭账本，记录了我凭借 20 万元（实际到手 16 万元）的年收入过着独居生活时的真实收支状况。虽然我生性懒惰，并未详细记录所有账目，但仍可以看出，这个时期，我每个月支出 6500～7000 元，所以年均生活费用为 8 万元左右，剩余 8 万元则用于储蓄。

偶尔，我会遭到这样的质疑："如果你住在东京的话，只靠这些钱根本维持不了独居生活。"但实际上，我曾在东京、大阪、名古屋三大都市圈生活过。即便是在东京，只要愿意放低要求，也能租到月租金 3000 元左右的房屋。我本人就曾住过这样的房子。另外，东京的平均收入水平在逐年上升，因此虽然东京同等条件房屋的租金比大阪、名古屋略高，但以东京的收入水平也完全可以负担。

反过来说，如果一个人在东京也只能拿到与大阪、名古屋相近的收入，那他完全没有必要独自在东京工作、生活。

存钱

年收入 20 万元能够实现储蓄率 50%

9月	收入		支出		备注	
日期	来源	金额	用途	金额		
2011/9/25	工资	¥11467				
2011/9/10			电费	¥149		
2011/9/29			燃气费	¥211		
2011/9/28			房租+水费	¥3261		
2011/9/28			信用卡	¥2086		
2011/9/18			现金	¥1000		
合计		¥11467		¥6707	月结余	¥4760

10月	收入		支出		备注	
日期	来源	金额	用途	金额		
2011/10/23	工资	¥11670				
2011/10/13			电费	¥186		
2011/10/29			燃气费	¥291		
2011/10/27			房租+水费	¥3101		
2011/10/27			信用卡	¥2661		
2011/10/8			现金	¥1000		
合计		¥11670		¥7239	月结余	¥4431

信用卡+现金约 3000~3500 元的具体明细
伙食费：1000 元　通信费：500 元　交通费、人情支出：500 元
美容费、服装费：750 元　其他：250 元　保费：0 元

2011 年时还没有出现费用低廉的 SIM 卡，也不像现在一样能积攒很多积分，所以如果是今天，我还能将支出再缩减 500 元！并且，当时还是单身人士的我觉得健康保险没有用处，所以也没有购买。如果大家认为需要购买健康保险，那么可以考虑单独购买消费型[①] 医疗保险。

① 投保人与保险公司签订合同，在约定时间内如发生合同约定的保险事故，保险公司按原先约定的额度进行补偿或给付；如果在约定时间内未发生保险事故，保险公司不返还所交保费。——译者注

05 提高存钱效率

我虽也过着极简生活,但个人物品的数量并没有减少到"极简主义者"那般程度,生活费用也不算太低。但是,如果能忍受更为极端的生活方式,那么每月的生活费用控制在4000元左右也绝非不可能之事。

确实有很多极简主义者都将每月的生活费用维持在2500~5000元的水准。

像前文中提到的那样,我的月均生活费用为6500~7000元。而那些比我欲望更低的极简主义者,他们的开支状况大致如下页表格所示。

如果能够做到这种程度,便可将年均生活费用控制在5万元左右。

另外,如果住在父母家中则可省下房租开支,如此一来,即使是普通人也能将生活费用降低到与极简主义者相当的水平。因此若条件允许,我建议大家居住在父母家中以节约生活费用。

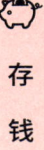

如果最大程度削减生活费用……

房租	2000 元
水电费、取暖费、燃气费	400 元
伙食费	750 元
通信费	250 元
交通费、人情支出	250 元
美容费、服装费	250 元
其他	100 元
保费	0 元
合计	4000 元

⟹ 以全能人士为例，如果她成为极简主义者，将年均生活费用压缩到 5 万元，那么她实现提前退休所用的时间将从原本的 11 年左右缩短至 7 年左右，能够提前 4 年开始提前退休的生活。

存钱

1
2
3
4
5

然而，能以如此低的预算维持生活也是一种特殊的能力。
建议大家不要为了把生活费用降低到这个标准而过分勉强自己。

06 极简管理家庭收支！

不知道大家平常使用哪种支付方式，又是如何管理家庭收支的呢？

有人习惯现金支付，有人偏好无现金支付。有人手写账本，有人用手机或电脑记账，也有人根本没有家庭账本。

无论采取哪种方式，只要能够顺利管理生活费用即可。但我建议大家在**支付时最好采取无现金方式，家庭账本则使用手机或电脑来半自动生成**。如果你在付款时统一使用支付软件等移动支付工具，或使用信用卡结算，并把消费记录导入 Money Forward、ME 等记账软件，则只需一部手机便能高效管理家庭账目（我想将这些数据日后用于其他地方，所以每月月末会把本月整体收支状况整理到电脑上）。

无现金支付的优点在于无须手动录入或誊抄数据。这也是管理家庭收支的极简方式。

然而对一部分人而言，一旦使用无现金支付方式就容易花钱无度，而他们经常购物的店铺尚不支持无现金支付方式。

这种情况下也没有必要立刻改变支付习惯。我建议大家在养成储蓄习惯且能稳定达到目标储蓄率后，逐渐向无现金支付方式过渡。

家庭账本的检查方法

无须逐一计算伙食费的金额、人情支出的金额！大家可以在每月月末算一笔总账，只要将支出总额控制在预算范围内即可。

如果支出超出预算，就在下月加以调整（如果某月的支出超出预算 500 元，就在下月降低外出就餐频率或减少购物次数，让支出总额缩减 500 元）。

⟹ **从掌握收支状况的角度来看，家庭账本是必需之物！**

请大家务必养成利用记账软件掌握收支状况的习惯。**我建议在形成习惯以前，坚持每周规划预算！** 将除固定支出以外的生活费用分成 4 份，每周用其中 1 份来维持生活。

07 给生活做减法，从源头上杜绝浪费

与单纯的节俭生活有所不同，**极简生活更加强调通过给生活做减法来从源头上杜绝浪费**。

例如，节俭者只会尽可能节约用电来降低电费，而极简生活者则会直接搬进更小的房子，从源头上减少用电量；节俭者只会降低每一顿饭的预算，而极简生活者则会直接减少吃饭次数。

省下的钱则可以花到生活的"刀刃"上。

例如，很多人通过购买扫地机器人、洗碗机、滚筒式洗烘一体机等给生活带来便捷的家电产品，省下大量时间用来努力赚钱，从而改善了自己的收支状况。

本书中致力于实现提前退休的三位主人公为存钱高手、赚钱高手和全能人士，她们的节约能力也各不相同，大家可通过对照来判断自己属于哪种模式。

存
钱

①不擅长赚钱但擅长存钱的
存钱高手

如果你和存钱高手一样不擅长赚钱，但擅长存钱的话，我推荐优先通过自带水杯等来节约金钱，而不是优先考虑节约时间的问题。

②擅长赚钱但不擅长存钱的
赚钱高手

我建议优先节约时间以确保有足够时间用于工作赚钱，为此，不妨多购入些能给生活带来便捷的家电产品。

③既能赚钱又能存钱的
全能人士

如果是和全能人士一样没有弱点的人，我建议尽可能多地（最好是全部）尝试本书中提到的极简生活小妙招。

08 节约，要张弛有度

节俭的生活总会给人带来很大的精神压力，所以无论是节约金钱还是节约时间，无论采取哪种节约方式，我都**不建议大家过度节约**。

积累资产的过程中，最重要的就是坚持。若因过度节约而导致精神压力大、中途心生厌恶，或者突然开始报复性消费，那实在是得不偿失。因此，**只要能一直坚持下去，适当放慢积累资产的速度也无妨**。

另外，我建议大家在正式开始存钱以前，**给自己留出一段挥霍期**。

有些人从小时候开始就无欲无求，他们的情况另当别论。但大多数人内心深处还是埋藏着一定程度的物欲，而10~29岁正是人一生中物欲最强烈的阶段。如果一个人在这一时期一直强行忍耐，那么当他长大以后，被长期压抑的物欲可能会突然爆发。

因此，长远来看，最好在年轻时就让物欲得到充分释放，如此一来，在之后积累资产的漫长过程中面临的阻力会相对减小。

	存钱

1
2
3
4
5

对于 10~29 岁的年轻人来说，满足物欲和自我投资都很重要。越早进行自我投资，回报就会越大。
因此，**我建议大家在投资股票之前，优先开始自我投资。**

09 一心赚钱，存款自然增加

我之所以能毫无痛苦地积累资产，也是因为**工作太忙根本没时间花钱**。

虽然那时每天都要工作很长时间，但如今回想起来，当初投入到工作中的时间和精力都得到了充分回报。所以我才愿意全身心投入主业工作之中，甚至没有给自己留下任何用于花钱购物的闲暇时光。

而有些人的情况则与我刚好相反，他们因不断积累的压力而想要消费。究其原因，很有可能是他们并不适合当前的工作。

很多人正是被无趣的工作折磨得压力过大，才开始大肆挥霍金钱。正因如此，我才会在第 2 章中劝诫大家，**选择主业时必须选择能给自己带来乐趣的工作**。

不过也存在另一种可能：有些人之所以想要大量消费，是因为他们尚未度过人生中的挥霍期。如果你属于这种情况，那么无须焦虑，不妨静静等待物欲随时间推移而自然减退。

存钱

1
2
3
4
5

关于"存钱"的 Q & A

Q 什么是"好的花钱方式",什么是"坏的花钱方式"?

A 所谓好的花钱方式,就是购买对自己而言非常重要的物品,或能提升自己满足感的物品。而所谓坏的花钱方式,就是盲目购买对自己而言并不重要且难以提升自我满足感的物品。

以我丈夫为例,如果有价格分别为高、中、低的3件商品同时摆在他的面前,他一定会购买中等价位的那件。因为他坚信中等价位的商品是绝不会出错的选择。

但是,如果一直把钱浪费在对自己而言并不重要的物品上,存款将永远难以增加,而在遇到自己真正想要的物品时,又会因囊中羞涩而不得不忍痛放弃。

因此,在购买任何一件物品之前,我希望大家能够仔细考虑两个问题:这件物品对现在的自己而言是否重要?购买之后自己的满足感能否得到提升?

不过,自我投资却是一个例外。在自我投资时请千万不要吝惜金钱。

Q 我很喜欢时尚美妆，总是忍不住买衣服、包包、化妆品，在这些东西上花费了很多钱……我应该怎么办呢？

A 首先，请你写出所有自己想要的物品，并按渴求度的高低将它们排序。我在前文中已经提到，如果总是全部购入所有想要的物品，那么存款将永远难以增加。为了避免这种情况的发生，不妨试试这个方法：只购买自己最想要的物品。

我建议在为物品的渴求度排序时不要考虑价格因素，而是将"是否真的想买"作为唯一标准。假如我目前有 1.5 万元的资金可用来购置包包，且我的面前有两个选择：①购买 5 只标价为 3000 元的包包，但我对每只包包都不是非常喜欢；②购买 1 只标价为 1.5 万元的包包，但我对它非常心动。从我的经验来看，②会是更好的选择。因为购买这只包包时我会获得极高的满足感，对它更加爱惜，也能用得更久。

我建议大家在购物时也采取这种"少而精"的态度。这样一来，个人物品的数量将会大为减少，同时也能向极简生活更近一步。

Q 我有一个高成本爱好,生活费用总是降不下来……

A 如果这项爱好能够让你的人生更加充实,那么你完全没有必要为了实现提前退休而放弃这项爱好。

不过遗憾的是,享受高成本爱好与实现提前退休这两者无法同时兼顾。因此,必须仔细斟酌对于自己的人生而言哪一点才是更重要的。

以我的丈夫为例,提前退休的生活从不在他的考虑范围之内,他更喜欢立刻驾驶自己喜欢的汽车、随心所欲地买下所有想要的物品。他也会为了得到想要的物品而拼命工作。在我看来,他这种人生态度同样也有可取之处。

不过,你也可以选择另一种人生:开始时努力积累资产,之后便利用财产性收入带来的资金充分享受自己的爱好——因为资产一旦积累到一定程度,便会开始半永久地自动增长。

Q 我天生小气，不舍得丢弃物品。我应该怎样做才能实现极简生活呢？

A 我也不是从一开始就能在生活中处处追求合理性。我的房间甚至曾经乱得无从下脚。不过刚巧在那时，我开始与男友交往。为了能在家中招待男友，我不得不把该扔的东西全部扔掉！（笑）

我在丢弃家中物品时经历了极大的痛苦。我总是想着"这个还能用""那个以后还会用到吧"，无法下定决心扔掉那些无用之物（不过当时最要紧的任务是邀请男友来家里玩，所以我只好放下不舍之情把它们全都扔掉了）。

从这段经历中我总结出了这样的经验：我既然天生小气，不舍得丢弃物品，那么从一开始就要尽量避免购买非必要的物品。于是，我给自己定下了购物时必须遵守的5条原则。

[原则1] 付款前彻底调查物品的相关信息

在付款前，先从性能、价格、设计3个角度出发，彻底调查该商品的相关信息。这项工作其实非常烦琐。但只有这样，我们才能在搜集信息的过程中放弃那些不是特别想要的物品。

[原则2] 设想自己10年后是否依然会使用该物品

在购买家具、饰品等使用寿命较长的物品之前，先想象一下自己10年后使用它们时的场景。如果想象不到，就不要购买。不过，在购买家电等使用寿命有限的物品时无须考虑此条原则。

[原则3] 不要购买原本并不想要的物品

绝大多数广告存在的目的，就是激起消费者的购买欲望。大家是否也有过这样的经历：无意间在电视或社交网站上看到一件商品，觉得还不错，于是立刻下单购买。

我则不然。我将一件商品放入购物车后不会立刻下单购买，而是会等到一个月后再做决定。当我一个月后再次看到这件商品时，购买的热情往往已经消退殆尽。不过，如果我再次看到它时仍然非常激动，那么此时便会下单付款了。

原则 4 遇到令自己"心潮澎湃"的物品时，应该立刻付款买下

有时，我们会遇到一些命中注定将属于自己的物品。

我也曾在冲动之下购买艺术品和苹果公司的产品，不过我从未后悔购买这些东西，因为它们都曾在一瞬间令我心潮澎湃。

这种"心潮澎湃"的感觉或许可遇不可求，但如果你遇到了一件"无论如何都想拥有"的物品，我建议不要压抑自己的感受，马上付款购买。

原则 5 时刻谨记金钱是用宝贵时间换来的，购买任何一件物品前都要慎重考虑它是否值得付出如此宝贵的金钱

最后的这个问题能帮助大家找出最终的答案。

对于想要实现提前退休的人而言，时间相当宝贵。

提前退休的生活的本质就是一场交易。在这场交易中，付出的是用自己宝贵的时间换来的金钱，而得到的则是属于自己的自由时光。如果将金钱用来交换其他物品，那么离提前退休的生活就会更远一步。

因此请务必时刻权衡眼前这件物品是否真的值得付出如此高昂的代价。

Q 独居人士也能降低生活费用吗？

A 与住在父母家中相比，独居生活的坏处是需要支出房租、电费、取暖费、燃气费等，好处则是可以自由地选择居所。我建议选择通勤时间（从家门到公司大门的时间）在30分钟以内的居所。通勤时间缩短后，可以用多出来的自由时间从事副业等能够产生经济收益的活动。因此综合来看，我并不认为独居生活与住在父母家中相比有劣势。我从参加工作后就一直过着独居生活，并在此期间顺利完成了积累资产的任务。

但是，可以选择离地铁站稍远的房子来节约房租。

而且对房龄和窗外景观等方面的要求也可放低，毕竟工作期间不会在家中停留太长时间。与之相比，节约房租更加重要。

此外，你如果一心"赚钱"，那么外出购物的频率也会相应降低，支出也会减少；和朋友游玩的频率会降低，人情支出也会减少。不过需要注意的是，如果拒绝了朋友太多次，那么朋友也会减少。（笑）

Q 是否应该缴纳"故乡税"？

A 缴纳故乡税有百利而无一害。如果符合缴纳条件，请一定要缴纳！

相信很多读者都听说过故乡税。所谓故乡税，是指纳税人对日本任意地方行政体进行的资金捐赠。缴纳故乡税后，纳税人可以获得来自受捐地的回馈礼品（如土特产等）。这是一项相当划算的制度。

捐赠金额中超出100元的部分可以抵消部分个人所得税和居民税。所以，如果你的收入达到一定水平且需要缴纳个人所得税和居民税，那么缴纳故乡税就相当于用100元来购买受捐地的土特产（根据个人收入和家庭结构的不同，税收减免的额度也有所不同）。

我推荐大家在缴纳故乡税时，使用乐天推出的"乐天故乡税"服务。这样一来，就可以像在乐天市场上购物时一样获取积分。在利用得当的情况下，甚至可能获取多于100元的积分。

专栏

已婚或已育人士也能实现提前退休吗？

夫妻二人如果都希望开启提前退休的生活，那么只需在本书提到的 3 种模式中选择一种，共同准备所需资产即可。

无论选择哪种模式，夫妻二人共同努力会比单身人士更容易实现提前退休，甚至能够提前数年实现。

但是，如果夫妻二人储蓄观念不一致，就可能遇到重重困难。

以我家为例，我丈夫赚多少花多少，崇尚奢侈生活，他的个人资产也几乎为零。所以我独自一人享受着提前退休的生活。

问题最大的是已育家庭。不同的家庭对孩子的教育投入的资金不同，需要为提前退休的生活准备的资产也会不同，不能一概而论。

大家可以参考这样一项数据：将抚养费、教育费等各项费用包含在内，养育一个孩子平均需要花费 150 万元。但考虑到育儿补贴、税收减免等优惠政策，实际支出金额约为 100 万元。所以养育一个孩子大约需要花费 50 万元抚养费和 50 万元教育费，合计 100 万元。

看到这里，大家可能会觉得已育家庭实现提前退休的难度远高于无子女家庭。但只要夫妻二人愿意共同提高收入、缩减生活开支，每月多存下 2500 元，那么年均投资额就能增加 3 万元。

考虑到积累资产阶段大约需要 16 年时间，则夫妻二人在这 16 年间可以额外积累 75 万元资产。

换言之，如果从 30 岁开始积累资产，那么存钱高手夫妇在 47 岁时将拥有 375 万元（150 万元 × 2 + 75 万元）资产，而赚钱高手夫妇在 47 岁时则将拥有 475 万元（200 万元 × 2 + 75 万元）资产。

这些资产足够抚养两名子女。

专栏

存钱高手夫妇的经济情况如下:

47 岁时拥有 375 万元资产,开启提前退休的生活

财产性收入

约 9.5 万元(每年从 375 万元总资产中取出税后 2.5% 的资金)

劳动性收入

丈夫 4.75 万元 + 妻子 4.75 万元(均为税后收入)

→年均生活费用(财产性收入+劳动性收入):19 万元

与普通的四口之家相比,存钱高手一家 19 万元的年均生活费用确实显得略低。但存钱高手夫妇连积累 375 万元资产的艰巨任务都能完成,想必也能轻松将年均生活费用控制在 19 万元以内。

以需要维持 10 年提前退休的生活的资金总额和生活费用来计算,存钱高手夫妇的经济情况如下(如果践行 2.5% 原则,则资产总额会稳步增加。考虑到纳税情况,此处按 2% 的年收益率计算):

57 岁时的资产总额：约 458 万元

(财产性收入)

约 11.45 万元（每年取出 458 万元总资产中的税后 2.5% 资金）

(劳动性收入)

丈夫 4.75 万元 + 妻子 4.75 万元（均为到手收入）

→年均生活费用（财产性收入 + 劳动性收入）：20.95 万元

→扣除 2 个孩子的教育费共计 100 万元

剩余资产总额：358 万元

这一阶段中，用于孩子的花销可能会快速增加。但存钱高手夫妇每年有 20.95 万元的生活费用，且二人已经拥有接近 500 万元的资产，所以即使从总资产中取出 100 万元来支付孩子的教育费用，对于二人的老后生活也不会造成任何影响。

> 专 栏

又过了 8 年，存钱高手夫妇的经济情况如下：

65 岁时的资产总额：约 420 万元

[财产性收入]

约 10.5 万元（每年取出 420 万元总资产中的税后 2.5% 的资产）

到了这个阶段，存钱高手夫妇开始领取养老金，他们的孩子也已经能够独立生活。夫妻二人可以凭借手中的资产过上相当体面的生活，甚至还可以资助孩子结婚、买房，或者给孙辈买些小礼物。（笑）

INVESTMENT

第 4 章

提前退休——资产钱生钱版

拥有一定存款后,我们终于可以开始投资理财了。说到"投资",可能有些人会觉得可怕,甚至有人会将投资与赌博画等号。投资确实未必能保证本金不受损失,甚至还可能出现"越投资,资产越少"的情况(尤其是进行短期投资时,损失本金的风险更高)。

但是,投资期限越长,损失本金的风险就越低。进行长期投资时,资产一般会波动增长。为此,我们一般需要花费 15 年左右的时间才能准备出开启提前退休的生活所需要的资产,所以我希望大家能用长远的眼光来看待投资。

01 投资前先做好生活保障！

请大家千万不要把手中的全部资金都用来投资理财。我们永远都不知道明天会发生什么，所以必须预留出一定的应急资金。

每个人承受风险的能力不同，需要准备的应急资金也不尽相同。以我自己为例，我认为准备 5 万元足矣。原因有二：一是现实生活中，需要在短短几天时间内筹集大量现金的情况其实非常少见；二是 5 万元足够帮助我渡过绝大多数难关。

即使真的遇到了需要一次性拿出 5 万多元资金的情况，我也能通过售出股票换取现金（选择提前退休人群一般通过持有股票或基金来投资理财）。所以我只留下 5 万元作为应急资金，其他资金则用于投资理财，这并不会给我的日常生活造成影响。

总之，投资理财的第一步就是：事先准备 5 万元作为生活保障金，并把它存入活期存款账户中。注意要将这笔钱与为提前退休准备的资产区分开。

常备应急资金

增加资产

应急资金
5 万元

证券账户中的
投资资金

→ 在进行资产管理时必须完全将二者区分开，否则将面临资产亏损的风险！

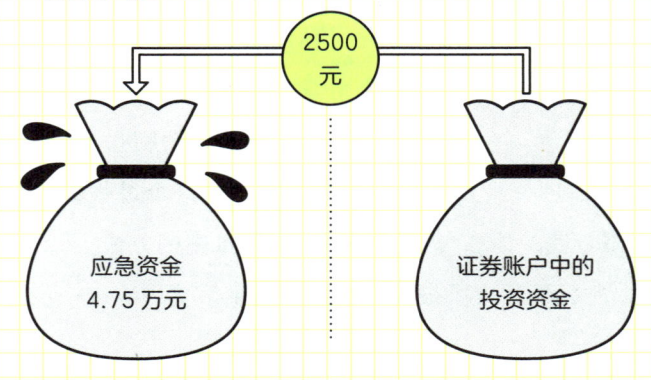

2500 元

应急资金
4.75 万元

证券账户中的
投资资金

→ 遇到紧急情况动用应急资金后，应立即从证券账户中取出同等金额的资金来填补缺口，使应急资金维持在 5 万元的水平。

如果已经拥有 5 万元的应急资金，请你直接跳过第 100～103 页的内容，从第 104 页开始阅读。

可以将超过 5 万元的部分存入证券账户中（此账户中也存放着为提前退休准备的资产），并进一步规划每月将用多少资金进行投资理财。

02 如何准备好生活保障金？

如果之前一直过着月光生活，存款近乎为零，那么下面的 2 种方法可以帮助你把储蓄率提高到 50%，并积累 5 万元生活保障金。这 2 种方法分别对应了存钱高手和赚钱高手的模式。以存钱高手为例，她必须在第 1 年中将年均生活费用从 15 万元缩减到 12.5 万元。具体方法如第 71 页所示，她需要通过缩减房租、保险费用等大额开支来将月均生活费用降低 2000 元。在第 2 年，她必须将生活费用进一步缩减到 10 万元，过上真正的极简生活（如果在这个过程中忍不住想挥霍金钱，请参考第 67 页和第 88 页中的方法）。而在第 3 年，她已经适应了极简生活，年均生活费用也进一步降至 7.5 万元。

无论采用哪种方法，**都可以在两年内从零开始积累 5 万元的存款**。到第 3 年时，手中已有 5 万元应急资金，可以开始投资理财了。不过保持 50% 的储蓄率也非常重要，如果无法兼顾保持储蓄率与攒出应急资金，我建议大家优先考虑提高储蓄率。

从零开始的储蓄地图

存钱高手

第 1 年 | 生活费用 12.5 万元 | 储蓄 2.5 万元
储蓄率 17%

总计储蓄额 2.5 万元
⇩

第 2 年 | 生活费用 10 万元 | 储蓄 5 万元
储蓄率 33%

总计储蓄额 7.5 万元
⇩

第 3 年 | 生活费用 7.5 万元 | 储蓄 7.5 万元
储蓄率 50%

总计储蓄额 15 万元

赚钱高手

第 1 年 | 生活费用 17.5 万元 | 储蓄 2.5 万元
储蓄率 13%

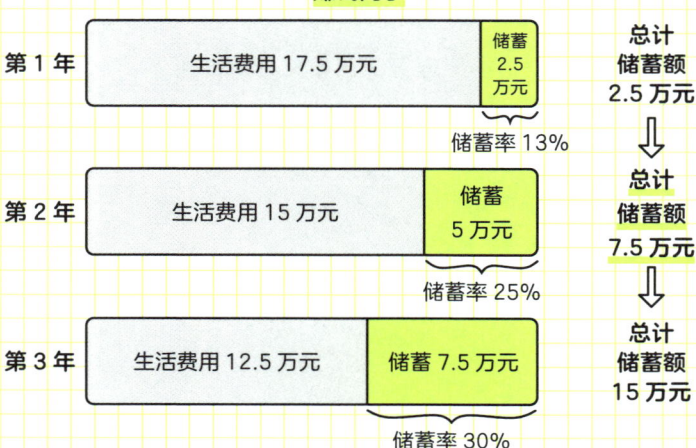

总计储蓄额 2.5 万元
⇩

第 2 年 | 生活费用 15 万元 | 储蓄 5 万元
储蓄率 25%

总计储蓄额 7.5 万元
⇩

第 3 年 | 生活费用 12.5 万元 | 储蓄 7.5 万元
储蓄率 30%

总计储蓄额 15 万元

增加资产

1
2
3
4
5

03 在准备投资资金的同时，也要学习投资知识

在真正开始投资理财前，大家最好能在坚持储蓄的同时学习一些最基础的投资知识。

只需学习最基础的知识即可。比如，了解股票是什么，个股是什么，以及 ETF、基金和债券之间的区别等。

后面我也会简单介绍这些知识，不过还是推荐大家阅读一些书籍来丰富自身的知识储备。

但是，**大家不要认为必须要看懂财务报表或牢记所有专业知识**（我本人就看不懂报表……哈哈），只要掌握股票基础常识、经济学基本原理等最简单的知识即可。

3本书了解投资的世界

《21世纪资本论》

（托马斯·皮凯蒂 著）
法国经济学家托马斯·皮凯蒂在分析大量详细数据的基础上，指出世界范围内财富不平等问题正在加剧。这本书可以帮助大家加深对资本主义的理解。

《漫步华尔街》

（伯顿·马尔基尔 著）
自1973年出版以来，受到全世界读者的热烈欢迎，被誉为"投资圣经"。它可以帮助大家理解指数投资的优势。

《巴比伦最富有的人》

（乔治·S.克拉森 著）
如果你希望了解积累资产的基本知识，请一定要阅读此书。这部名著出版于近百年前，但直到今天仍受到读者们的欢迎。

这3本书中的部分内容比较晦涩，大家可以在视频网站上看几部简单解说书籍内容的视频（尤其《21世纪资本论》一书相当晦涩难懂，只需理解"$r > g$"[①]的概念即可）。

如果大家在看完视频后还想进一步加深理解，可再购买书籍仔细阅读。

---

① 即资本增长率长期高于经济增长率。——译者注

04 资金投往何处？

　　很多人刚开始准备投资，就会马上遇到投资之路上的第一个挑战——不知道该将资金投往何处。我最初也经历过这种迷茫。

　　我刚开始投资时能找到的信息极为有限，也因此而做出了很多高风险的投资决定。时代发展到今天，人们已经能接触到海量的有效信息。不过也正因信息量庞大，很多人反而不知道该相信哪些信息，陷入迷茫困顿之中。

　　投资者面临的首要问题就是选择投资对象。市面上现有的投资对象包括黄金及铂金等大宗商品、股票、债券[1]、不动产等。

　　不过在本书中，我只详细介绍股票市场。**因为长期来看股票市场带来的收益最大（如下页图表所示），并且它也是我的唯一投资选择。**

---

[1] 国家、地方公共团体、企业等为筹措资金向投资者发行的一种有价证券。

股票、债券、黄金、美元的价格走势图

增加资产

在200年前分别用1美元投资股票、债券、黄金和美元，那么到了200年后的今天它们的价格分别是多少呢？

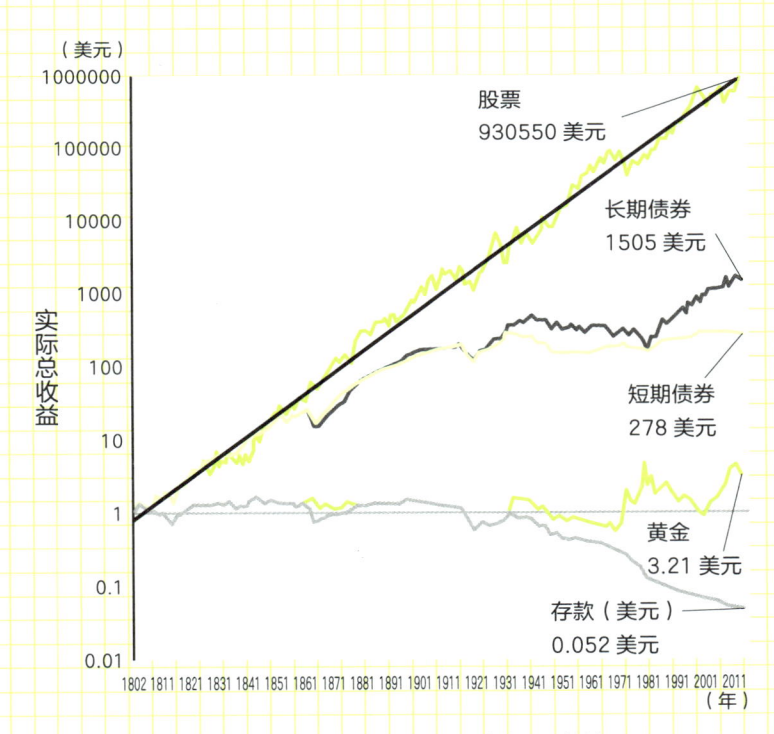

（美元）

- 股票 930550 美元
- 长期债券 1505 美元
- 短期债券 278 美元
- 黄金 3.21 美元
- 存款（美元）0.052 美元

实际总收益

1802 1811 1821 1831 1841 1851 1861 1871 1881 1891 1901 1911 1921 1931 1941 1951 1961 1971 1981 1991 2001 2011
（年）

出处：American Association of Individual Investors Journal, August 2014

由图表可知，股票价格一路猛涨。
必须让自己的资产不断增长才能实现提前退休，所以我建议大家将资金投入股票市场。

05 个股、ETF 和基金，应该入手哪个？

很多人斗志昂扬想要投资股票时，却发现市面上有很多种类的金融产品，不知哪种值得入手。如果你也正有此类疑问，本节内容将为你答疑解惑。

股票市场上，主要有个股、ETF 和基金 3 类产品可供选择。

个股，是指由丰田、苹果等上市公司单独发行的股票。而 ETF 和基金，则是指将数只个股打包发售的金融产品。

通过选择不同的投资对象进行组合，理论上可产生出无数种 ETF 和基金，现有种类也已逾万种。有的只包括股票，有的由股票和其他金融产品（如债券、REIT[①] 等）构成，也有的只包括股票以外的金融产品。

我刚开始投资的时候跟随当时的投资趋势买进了日本的个股，所以直到今天仍持有大量个股。不过如果现在让我在个股、ETF 和基金 3 类金融产品中向理财新手们推荐一类，==我一定会选择基金。因为近年来基金的表现十分优秀。==

[①] 房地产基金。利用从投资者处募集来的资金进行不动产的投资与管理，并将租金收益和资产升值收益分配给投资者的一种金融产品。

个股、ETF 和基金的基本信息

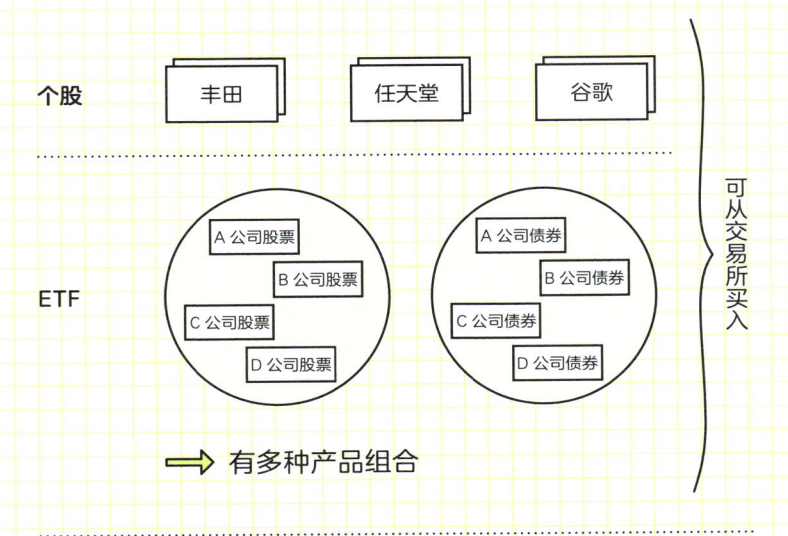

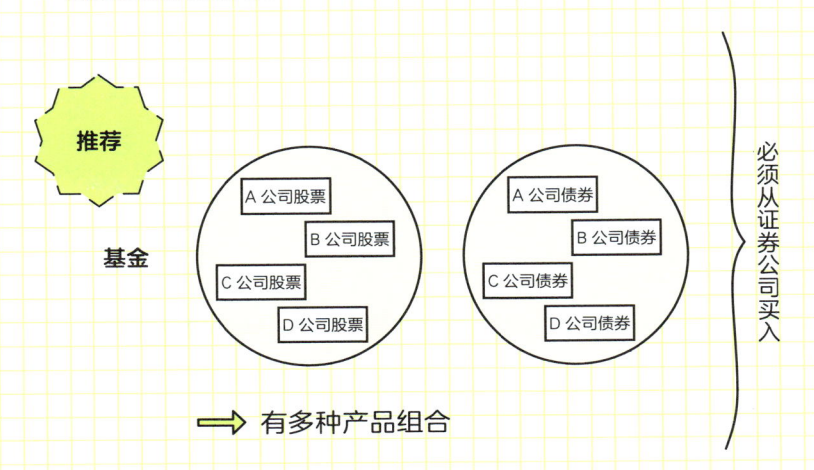

个股

| 丰田 | 任天堂 | 谷歌 |

ETF

- A 公司股票
- B 公司股票
- C 公司股票
- D 公司股票

- A 公司债券
- B 公司债券
- C 公司债券
- D 公司债券

→ 有多种产品组合

可从交易所买入

推荐

基金

- A 公司股票
- B 公司股票
- C 公司股票
- D 公司股票

- A 公司债券
- B 公司债券
- C 公司债券
- D 公司债券

→ 有多种产品组合

必须从证券公司买入

增加资产

4

06 我也正在逐渐转向基金的自动定投

我从几年前开始便不再购买个股，转向基金定投①，原因有二：一是近年来指数型基金（我将在后文中详细介绍）的手续费大幅下降；二是基金定投现在可以设置自动定投（无须投资者手动操作），省时省力。

我从自己长达15年以上的投资经历中总结出以下2点经验。

第一，股票交易是一场心理战。第二，投资者的资金越多，越能占据有利地位。

因此，经验不足、资金匮乏的个人投资者**绝不可能胜过经验丰富、资金充足的机构投资者**。

很多人说90%的投资都会以失败告终。其实我认为真实情况是：投资机构得到了90%的收益，而个人投资者则只能争夺剩下10%的收益。

换言之，个人投资者很难通过投资个股获得较高收益。

---

① 以投资6000元为例。定投意味着每月投资500元，连续投资12个月，而不是一次性投资6000元。

让专家来替你循序渐进地投资理财吧

买卖个股时……

· 一直关注股价动向，无法集中精力工作
· 理财新手们总会因"一买就跌""一卖就涨"而焦躁不已

⇨ 在心理战中败下阵来

如果购买指数型基金……

· 指数型基金的价格由全球主要指数决定，心理素质和资金规模不会对投资结果产生任何影响！
· 如果设置自动定投，则可以利用平均成本法 [①] 轻松投资理财

⇨ 让个人投资者的资产也能不断增长的最佳方法！

> 如果你自认为是投资天才，能够预测股市的变动，那么你不妨根据自己的判断来买卖股票。**但是，对绝大多数普通人而言，自动定投这种更加稳定的投资方式是更好的选择。**
> 如果我从 15 年前就开始自动定投指数型基金（即我现在使用的投资方式），**那么我应该会积累下比现在更多的资产吧**！

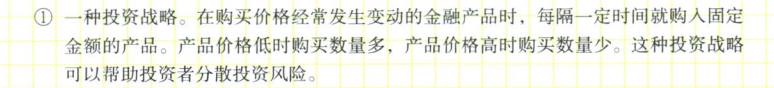

[①] 一种投资战略。在购买价格经常发生变动的金融产品时，每隔一定时间就购入固定金额的产品。产品价格低时购买数量多，产品价格高时购买数量少。这种投资战略可以帮助投资者分散投资风险。

07 什么是"指数型基金"?

所谓指数型基金,是指价格受到全球主要指数(如道琼斯指数、标准普尔500指数、日经指数等)影响的基金。

与指数型基金相对的是"主动型基金"。主动型基金一般由基金经理负责选择投资对象,以期获得高于市场平均水平的投资收益。

由于主动型基金需要由基金经理来筛选投资对象,所以会向投资者收取较高的手续费。然而从收益数据来看,主动型基金未必能获得比指数型基金更高的收益率。

如此看来,**投资者完全没必要选择手续费更高的主动型基金**,我也以指数型基金为主要投资对象。

指数型基金和主动型基金的区别

指数型基金

以特定指数为标的指数，并追踪标的指数表现

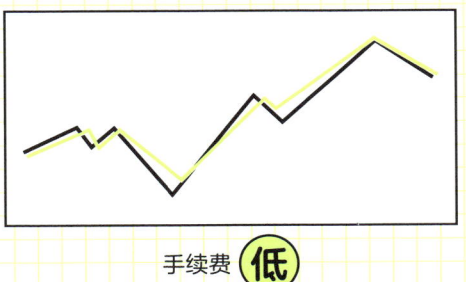

手续费 **低**

主动型基金

主动寻求超越市场平均水平的收益，但实际上有赚有赔

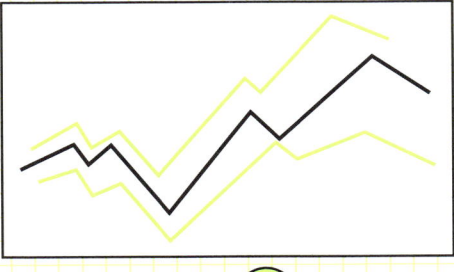

手续费 **高**

即使是基金专家建立的投资组合也很难取得超越市场平均水平的收益，个人投资者就更不可能做到……所以我选择指数型基金！

增加资产

1
2
3
4
5

08 将资金投向有发展潜力的国家

相信大家已经充分了解自动定投指数型基金的优势。但在决定选择自动定投指数型基金后,还需要进一步确定具体购买哪些金融产品。很多人此时又会陷入新一轮的迷茫当中。

但是,我也不知道哪些金融产品才是最好的选择,毕竟我无法预知未来。

我建议大家在搭配投资组合[①]时重点关注发达国家的金融产品。这类国家的经济相对有发展潜力。

当然,谁也无法预知未来发达国家的经济究竟会不会进一步发展,但从进一步发展的可能性比较高这一点来看,我建议大家优先选择这类国家的金融产品。

如果大家担心只购买发达国家的金融产品会带来过高风险,也可以选择多国股票型基金[②]。

---

① 投资者对金融产品进行的搭配组合。
② 以世界各国股票为投资对象的基金。

我推荐的指数型基金

三菱日联国际资产管理有限公司的 eMAXIS Slim 系列

乐天投资管理公司的乐天系列

SBI 资产管理公司的 SBI·V 系列

大家可以从这 3 个系列中选取多国股票指数型基金和美国股票指数型基金。我之所以推荐这 3 个系列，是因为它们的手续费都很低。这几家公司都希望通过低廉的手续费来吸引投资者，目前正在展开激烈的价格战，所以不同时期手续费最低的产品也不尽相同。不过它们的手续费都低到几乎可以忽略不计，大家可以从这 3 个系列中随意选择，不必过分执着于手续费最低的产品。

截至 2021 年 12 月，我推荐以下基金产品

多国股票型	SBI 多国股票指数型基金 ［又称：雪人（多国股票）］
以美国股票为中心	SBI·V 标准普尔 500 指数型基金 ［又称：SBI·V 标准普尔 500 指数］
以中国、印度等新兴市场股票为中心	SBI 新兴市场股票指数型基金 ［又称：雪人（新兴市场股票）］

建议在 iDeCo 账户中购买以下基金产品

SBI	三菱日联国际资产管理有限公司 eMAXIS Slim 美国股票（标准普尔 500 指数）指数型基金或 SBI 多国股票指数型基金［又称：雪人（多国股票）］
乐天	乐天美国股票指数型基金［又称：乐天先锋基金（美国股票）］或乐天多国股票指数型基金［又称：乐天先锋基金（多国股票）］

我建议大家以购买美国股票指数型基金或多国股票指数型基金为主，再根据自己的需求增加些新兴市场股票指数型基金、主动型基金或个股。

09 证券账户的类别

通过阅读上文，**想必大家已经了解最好选择自动定投指数型基金**。接下来我将为大家介绍几种不同类型的证券账户。

投资者必须先在证券公司开通证券账户才能购买基金。

日本的证券账户可分为 3 类，分别是 NISA 账户[①]、特定账户（按是否由证券公司代扣代缴税款可再细分为 2 种）和一般账户。其中 NISA 账户为免税账户，而特定账户和一般账户内产生的投资收益则需要正常缴税。

我们最好先开通可以免税的 NISA 账户。

但是，NISA 账户设有投资限额，所以当投资资金超过该限额时，我们还是需要开通特定账户或一般账户等需要正常缴税的账户。

所谓特定账户，是指由证券公司负责计算损益的账户。所谓一般账户，是指需要投资者自行计算损益的账户。如果选择开通"由证券公司负责代扣代缴税款的特定账户"，那么证券公司将自动计算损益并缴纳税款，几乎不需要我们劳神费力。所以我建议大家开通 NISA 账户后，再开通一个"由证券公司负责代扣代缴税款的特定账户"。

---

① 个人投资者在 NISA 账户内通过基金等获得的收益和分红可享受税收减免。而在不使用 NISA 账户的情况下，这些收益需要缴纳 20% 的税款。

证券账户的种类

以下证券账户内的投资收益无须缴税

- **一般 NISA 账户**：可享受最长 5 年的免税期，每年免税额度为 6 万元。可用于购买基金、个股和 ETF 等金融产品。

- **定投 NISA 账户**：可享受最长 20 年的免税期，每年免税额度为 2 万元。只能用于购买基金。

注：一般 NISA 账户和定投 NISA 账户不能同时使用。每年只能在其中一种账户内投资。

以下证券账户内的投资收益需要缴纳 20.315% 的税款

- **由证券公司负责代扣代缴税款的特定账户**：证券公司负责计算损益并缴纳税款，投资者无须申报纳税。←我最推荐这种账户！

- **不需要证券公司代扣代缴税款的特定账户**：证券公司负责计算损益但不负责缴纳税款。投资者需要申报纳税。

- **一般账户**：投资者需要自行计算损益并缴纳税款。

如果你的年均投资收益不满 1 万元，则更适合开通不需要证券公司代扣代缴税款的特定账户。如果你希望每年自行计算损益并进行纳税申报，则更适合开通一般账户。

想要开启提前退休的生活的人一般会用较多的资金进行投资理财。如果你也属于此类人群，我建议选择省时省力的"由证券公司负责代扣代缴税款的特定账户"。

增加资产 4

10　了解养老金计划！

与证券账户不同，iDeCo（个人缴费确定型养老金）账户的定位是养老金账户。也有部分人选择在公司参加企业型DC（企业缴费确定型养老金）计划。

投资者在缴费确定型养老金账户内每月缴纳的金额可抵销部分个人所得税，且投资收益可享受税收减免。这为投资者带来了很大实惠。

但是，缴费确定型养老金需要年满60岁才能开始领取，不少人正是顾虑到这一点才迟迟没有开通缴费确定型养老金账户。

但我认为，正是因为年满60岁才能开始领取，缴费确定型养老金才更能给人带来安全感。因为与一直工作到退休年龄的人相比，提前退休人的群提前10～15年便辞去了公司职员的稳定工作，能够领取到的退职金和养老金也相对较少。

因此，越是希望开启提前退休的人，就越应该开通缴费确定型养老金账户来填补养老资金的缺口。

缴费确定型养老金的注意事项与优缺点

缴费确定型养老金的注意事项

- 不同证券公司和银行会提供不同产品供你选择
- 如果你已经加入企业型 DC 计划，就不能同时加入 iDeCo（个人型）计划（从 2022 年 10 月开始二者可以同时加入）

缴费确定型养老金的优缺点

- 每月缴纳金额可抵销部分个人所得税（NISA 账户不能提供这项优惠政策）
- 投资收益可享受税收减免
- 但账户中的资金一般被视同为退职金或养老金，所以在领取时可能需要缴税

注：盲目增加缴纳金额会导致领取账户中资金时被征收大量税款，所以请大家务必仔细斟酌缴纳金额（计算时需要考虑到缴纳年限、退职金和养老金的预期金额等问题，计算过程可能有些烦琐）。

⇨ 如果你是公司职员，打算一直工作到退休年龄，且能拿到近 100 万元的退职金，那么我建议你不要加入缴费确定型养老金计划。

⇨ 如果你是公司职员却无法拿到退职金，或一直做个体生意、无法享受退职金和厚生年金[①]，那么我强烈建议你加入缴费确定型养老金计划。

---

① 厚生年金是日本一种只面向公务员和公司职员发放的养老金。

11 开通 3 种账户

如果你想要开启提前退休的生活,就应该尽量开通 NISA 账户、缴费确定型养老金账户和特定账户。它们的优先度排行如下所示:

① **享受税收减免的一般 NISA 账户或定投 NISA 账户**
② **享受税收减免并能抵销部分个人所得税的缴费确定型养老金账户(iDeCo 或企业型 DC)**
③ **由证券公司负责代扣代缴税款的特定账户**

简单来说,就是优先选择享受税收减免的①和②这两类账户。不过这两个的投资都很容易达到限额,所以我建议大家同时开通③由证券公司负责代扣代缴税款的特定账户作为补充。

我推荐的证券公司

我推荐乐天证券和 SBI 证券这两家大型证券公司，它们的产品种类较多。

如果你选择加入企业型 DC 计划，那么只能在公司指定的证券公司开通账户，无法自由选择。如果你选择加入 iDeCo 计划，则可以在任意证券公司开通账户。

我会充分利用两家证券公司各自的优势：

- 在开通 NISA 账户和 iDeCo 账户时选择乐天证券，因为操作比较方便
- 在购买以美元结算的美国股票或 ETF 产品时选择 SBI 证券，因为如果同时利用住信 SBI 网络银行提供的服务，则汇款手续费可降至极低水平

如果你在 NISA 账户和缴费确定型养老金账户中的投资以基金定投为主，则最好选择乐天证券。如果还想投资美国个股，则最好选择 SBI 证券。

当然，也可以同时在这两家证券公司开通账户。

NISA 账户和缴费确定型养老金账户都得到了日本政府的政策支持，可以帮助投资者在合法节税的同时进行投资理财。长期来看，这两种账户都能节省大量税款，获得更多投资收益。

12 强烈推荐使用信用卡购买基金

我在前文中已经提到，如果在乐天证券使用乐天信用卡购买基金，则可同时获得大量积分，非常实惠。最近 SBI 证券也推出了此项服务，可以在 SBI 证券和乐天证券之间自由选择（摩乃科斯证券也计划于 2022 年 1 月推出此项服务）。

乐天证券和摩乃科斯证券（尚在计划当中）的积分回馈率为 1%，SBI 证券的积分回馈率则是 0.5%，仅为前者的一半。两相比较，我建议首选积分回馈率为 1% 的产品。

但是，如果使用 SBI 旗下年费较高的信用卡来购买 SBI 证券推出的基金，则积分回馈率可以提升到 1%～2%。所以如果持有此类信用卡，也可以考虑选择 SBI 证券。而当投资额较大时，则不妨同时在乐天证券和 SBI 证券进行投资。

在本书中，我将主要介绍我个人最为看好的乐天证券。

如何使用乐天信用卡进行基金定投?

使用乐天信用卡每月最多能购买 2500 元基金。从目前的条件来看,在 NISA 账户中购买这 2500 元基金最为划算!

普通 NISA 账户

使用乐天信用卡支付 2500 元……

在普通 NISA 账户内进行基金定投

⇨ 每月获得 500 积分!

定投 NISA 账户

使用乐天信用卡支付 2500 元……

1666 元用于在定投 NISA 账户内进行基金定投(已达到限额[①])	834 元用于在特定账户内进行基金定投

⇨ 每月获得 500 积分!

> 我每月在普通 NISA 账户内顶格投资 2500 元,我丈夫则每月在定投 NISA 账户内顶格投资 2500 元,所以夫妻二人每月共能获得 1000 积分!

---

① 定投 NISA 账户每年的新增投资限额为 2 万元,故平均每月可定投 1666 元(1666 元 × 12 个月 = 19992 元)。

13 开始投资前需要做好哪些准备？

开始投资前，需要进行以下准备工作：

①在乐天证券、SBI 证券或摩乃科斯证券开设 NISA 账户和特定账户（我将在后文中进一步介绍如何在普通 NISA 账户和定投 NISA 账户之间做出选择）

②如果准备在乐天证券投资，则申请乐天信用卡；如果准备在 SBI 证券投资，则申请三井住友信用卡；如果准备在摩乃科斯证券投资，则申请摩乃科斯信用卡

③如果符合 iDeCo 计划的加入条件，则选择一家证券公司开通 iDeCo 账户

在开通上述账户时，请大家一定不要忘记经由积分网站（我已在第 54 页中介绍过积分网站的使用方法）进行操作。这样一来，你可以一次性获得数万积分。

至此，投资前的准备工作已经全部完成！

投资前准备工作的检查清单

☐ ① 参考第 114~121 页中的内容，在乐天证券、SBI 证券或摩乃科斯证券开通 NISA 账户和由证券公司负责代扣代缴税款的特定账户

⇩

☐ ② 如果准备在乐天证券投资，则申请乐天信用卡；如果准备在 SBI 证券投资，则申请三井住友信用卡；如果准备在摩乃科斯证券投资，则申请摩乃科斯信用卡

⇩

☐ ③ 如果符合 iDeCo 计划的加入条件，则选择一家证券公司 ① 开通 iDeCo 账户

只有乐天信用卡可以无条件永久享受免年费的优惠服务，所以当迷茫该选择哪家证券公司时，乐天是绝不会出错的选择！

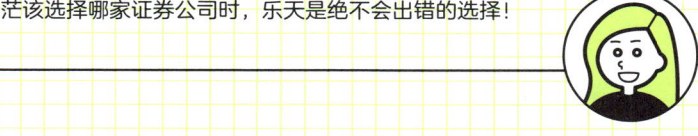

---

① 如果对证券公司没有特别偏好，我建议在曾经开通过 NISA 账户或特定账户的证券公司开通 iDeCo 账户，这样会易于后期管理。

14 把证券账户内 80% 的资金用于投资

上述准备工作全部完成后，就可以开始投资了。**我建议将证券账户内 80% 的资金用于投资。**如果每年能向证券账户内存入 5 万元，可以将 4 万元用于投资；如果每年能向证券账户内存入 7.5 万元，可以将 6 万元用于投资，以此类推。可能有些人会觉得 80% 的比例实在太高。其实无须担忧这点。我在前文中曾提到，有一项美国研究得出了 4% 原则的结论，它还得出了另一个结论：**投资组合中股票占比越高，投资者的本金就越能得到保障**。因此，我建议至少将证券账户内 75% 以上的资金用于购买股票。

但如果把证券账户内的全部资金都用于购买股票，那么一旦遇到股市暴跌就可能血本无归，这种风险也会给人造成巨大的精神压力。

股票市场一般会一直震荡上行，但每隔 10~20 年就可能迎来一次暴跌。

2008 年全球金融危机过后，我几乎将全部资金都用于投资。幸运的是，到目前为止我一次也没有遇到过股市暴跌。

但是，一旦股市暴跌再度发生，我将很难继续增加投资金额，精神上也会大受打击。**因此，我建议在投资组合中保留一部分现金，这将成为日后的定心丸。**

> 在为提前退休准备的资产中，要保留 20% 现金

增加资产

活期存款（应急资金）

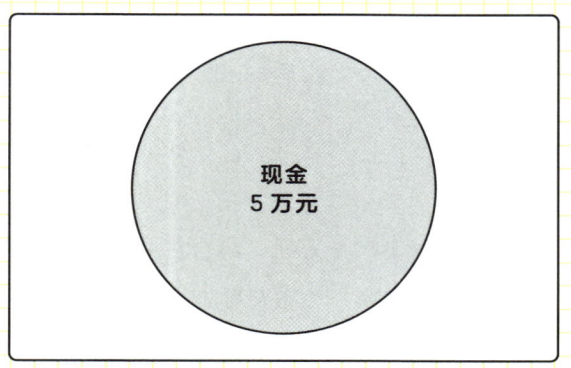

现金
5 万元

证券账户（为提前退休准备的资产）

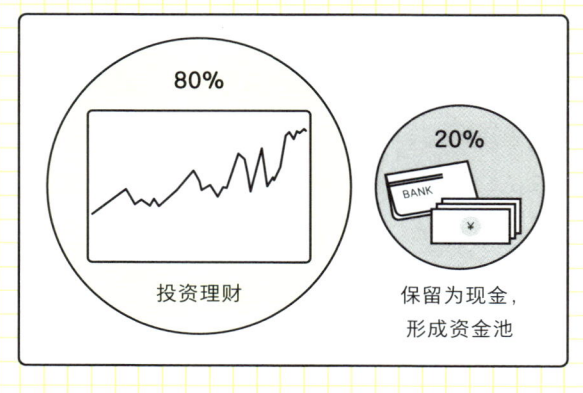

80% 投资理财

20% 保留为现金，形成资金池

⇩

通过投资理财使资产增长，
即便遭遇股市暴跌也有现金应急

15 年均投资额低于限购额度时，只选择定投账户和基金！

INVESTMENT

　　针对年均投资额不同的这部分人，我会推荐不同的投资对象。

　　如果年均投资额不满 6 万元（约合每月 5000 元），那么我建议只在定投 NISA 账户和缴费确定型养老金账户内购买基金。

　　普通 NISA 账户的投资限额为每年 6 万元，如果同时利用缴费确定型养老金账户进行投资，则无法充分利用一般 NISA 账户提供的投资限额。所以我建议不要选择普通 NISA 账户，而是选择定投 NISA 账户并使用乐天信用卡结算。

　　至于具体购买哪种金融产品，我推荐美国股票指数型基金和多国股票指数型基金。关于这一点，我在上文中已给出详尽论述。

月均投资额不满 2500 元（年均不满 3 万元）

优先在 NISA 账户内投资！如果月投资额为 1500 元，则无须在缴费确定型养老金账户或特定账户内投资，只需将全部资金投入 NISA 账户即可。

月均投资额为 1500 元

使用乐天信用卡结算 定投 NISA 账户	1500 元

月均投资额为 2500 元

使用乐天信用卡结算 定投 NISA 账户	1666 元
使用乐天信用卡结算 特定账户	834 元

月均投资额为 2500～5000 元（年均 3 万～6 万元）

如果月均投资额超过 2500 元，且符合 iDeCo 计划或企业型 DC 计划中匹配缴费制度的利用条件，请一定要进行匹配缴费。

注：如果参加的是企业型 DC 计划，请注意部分公司不允许员工匹配缴费（员工根据自己的意愿额外缴纳更多费用），需要提前向自己所在公司确认具体情况。匹配缴费的缴纳金额一般为 600～3400 元。

月均投资额为 5000 元的公司职员

使用乐天信用卡结算 定投 NISA 账户	1666 元
使用乐天信用卡结算 特定账户	834 元
iDeCo 账户或企业型 DC 账户内的匹配缴费	1000 元
特定账户	1500 元

月均投资额为 5000 元的个体生意人

使用乐天信用卡结算 定投 NISA 账户	1666 元
使用乐天信用卡结算 特定账户	834 元
iDeCo 账户	2500 元

16 如果年均投资额超过限购额度……

年均投资额不满 6 万元（约每月 5000 元）时，只要按部就班实行基金定投即可，无须考虑其他投资产品。**但是，当年均投资额超过 6 万元时，我建议再增加一些投资产品。**

年均投资额超过 6 万元时，在定投 NISA 账户和缴费确定型养老金账户中的投资将达到免税额度。此时不妨将定投 NISA 账户更换成一般 NISA 账户，或将超额部分转入特定账户当中。

①个股也有个股的乐趣！

定投 NISA 账户只能用于购买基金中的部分产品，而普通 NISA 账户和特定账户则可以用来购买个股。所以我建议在开通一般NISA账户或特定账户后，一定要尝试投资个股。

个股的最大好处，便是能产生分红（部分基金产品也能产生分红，但大多数指数型基金都是不会产生分红的）。

如果选择购买日本股票，还能额外享受到各种股东优惠[1]。

---

[1] 为吸引投资者，很多日本上市公司会定期向持有一定金额以上股票的股东派发公司产品或优惠券。

其实在积累资产阶段，单靠指数型基金已经可以满足全部投资需求。但是，如果想要长期坚持投资，则需要选择具备一些能够坚持的要素的产品。

② ETF 值得入手吗？

ETF 中的某些产品组合是基金中所没有的。

特别是很多美国 ETF 产品（如 SPYD 和 HDV）相当重视分红，而基金中则不包含这些产品。所以如果希望获得较高分红，则可以考虑购入这类 ETF 产品。

③持有美元资产的好处

如果投资者希望购买美国金融产品，如苹果、亚马逊等上市公司的个股或 SPYD 等 ETF 产品，一般来说必须使用美元进行结算。因此，日本投资者在购买此类产品时，必须先将日元兑换为美元，再用美元交易（日本上市公司的股票和日本证券公司推出的基金都可以使用日元结算，所以购买这些产品时无须将日元兑换为美元）。

此外，购买美元结算的产品还会受到汇率因素的影响，所以此类产品的交易门槛较高（即使是那些以日元结算的基金，如果投资对象中包含外国产品，那么其基准价格，即基金价格也会受到汇率的影响）。

不过谁也无法预料日元今后的走势，所以长期来看持有一定美元资产绝非坏事，同时这也能帮助你规避汇率风险（在我的投资组合中，以美元结算的美国股票和 ETF 产品共占约 20%）。不过如果不希望自己的投资组合过于复杂，也可以忽略上述提议。

增加资产

4

- 有些金融产品只能使用美元结算
- 可以通过持有以美元结算的金融产品分散投资风险

17　3 种定投实例

　　下面我将以前文的内容为基础，介绍存钱高手、赚钱高手和全能人士各自的定投案例。此处假设她们 3 人都是公司职员，所以她们每人每月可以在 iDeCo 账户中投资 1000 元，或在企业型 DC 账户中利用匹配缴费制度额外缴纳 1000 元（也有部分公司不允许职员匹配缴费）。

　　存钱高手每月可投资 5000 元，赚钱高手每月可投资 6650 元，全能人士每月可投资 8350 元。由于各自的投资额不同，她们在定投 NISA 账户和普通 NISA 账户之间选择时，在确定各个账户内的定投金额时，也做出了不同的决定。希望大家能参考以下定投方法，从我在第 112~113 页中介绍过的指数型基金中选择适合自己的产品。

增加资产

① 不擅长赚钱但擅长存钱的
"存钱高手" → **134 页**

在定投 NISA 账户 + 特定账户 + iDeCo 账户或企业型 DC 账户内，每月定投 5000 元。

② 擅长赚钱但不擅长存钱的
"赚钱高手" → **136 页**

在定投 NISA 账户 + 特定账户 + iDeCo 账户或企业型 DC 账户内，每月定投 6650 元。

③ 既能赚钱又能存钱的
"全能人士" → **138 页**

在普通 NISA 账户 + 特定账户 + iDeCo 账户或企业型 DC 账户内，每月定投 8350 元。

不擅长赚钱但擅长存钱的
"存钱高手"

年收入	**19** 万元

（实际到手 15 万元）
- 年均生活费用：7.5 万元
- 年均储蓄额：7.5 万元

所需资产总额	**150** 万元

存钱高手每年可向证券账户内存入 7.5 万元，将其中 80%（6 万元）用于投资，其余 20%（1.5 万元）则作为现金储备留在证券账户内形成资金池。

我更推荐她选择定投 NISA 账户，而不是普通 NISA 账户。

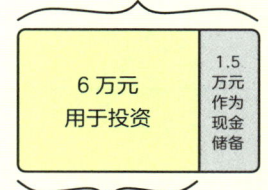

增加资产

向证券账户内存入 7.5 万元

| 6 万元 用于投资 | 1.5 万元 作为 现金 储备 |

每月 5000 元的投资额用于……
- 使用乐天信用卡结算 定投 NISA 账户　　　　　　1666 元
- 使用乐天信用卡结算 特定账户　　　　　　　　　 834 元
- iDeCo 账户或企业型 DC 账户内的匹配缴费　　　　1000 元
- 特定账户　　　　　　　　　　　　　　　　　　　1500 元

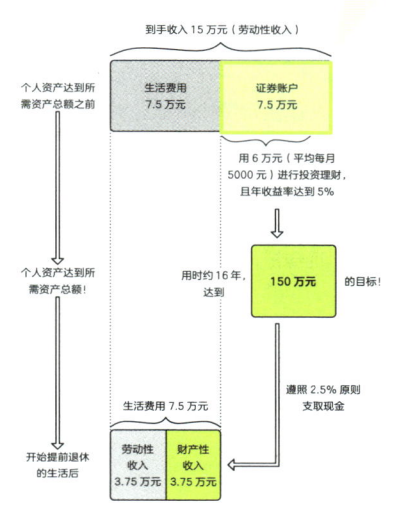

到手收入 15 万元（劳动性收入）

| 生活费用 7.5 万元 | 证券账户 7.5 万元 |

个人资产达到所需资产总额之前

用 6 万元（平均每月 5000 元）进行投资理财，且年收益率达到 5%

用时约 16 年，达到 150 万元 的目标!

个人资产达到所需资产总额!

生活费用 7.5 万元

遵照 2.5% 原则支取现金

开始提前退休的生活后

| 劳动性收入 3.75 万元 | 财产性收入 3.75 万元 |

选择定投产品时，我建议选择第 113 页中提到的多国股票指数型基金或标准普尔 500 指数型基金。但是，刚开始投资时可能会感到不安，所以推荐只购买前者。

135

擅长赚钱但不擅长存钱的

"赚钱高手"

| 年收入 | **26** 万元 |

（实际到手 20 万元）
- 年均生活费用：10 万元
- 年均储蓄额：10 万元

| 所需资产总额 | **200** 万元 |

赚钱高手的年均投资额超过 6 万元，在基金定投的基础上也可以尝试购买个股和 ETF 产品。

如果觉得贸然投资个股的难度过高，也可以选择在利用乐天信用卡基金定投的基础上，同时利用 SBI 证券提供的同种服务以增加指数型基金的定投金额。

在逐渐适应投资生活后，就可以尝试购买些基金以外的金融产品了。

增加资产

4

向证券账户内存入 10 万元

| 8 万元用于投资 | 2 万元作为现金储备 |

每月 6650 元的投资额用于……

- 使用乐天信用卡结算 定投 NISA 账户　　　1666 元
- 使用乐天信用卡结算 特定账户　　　　　　834 元
- iDeCo 账户或企业型 DC 账户内的匹配缴费　1000 元
- → 以上共计每月 3500 元（每年 4.2 万元）
- 其余 3.8 万元可以用来提高定投金额，也可以用来在特定账户内购买个股或 ETF 产品

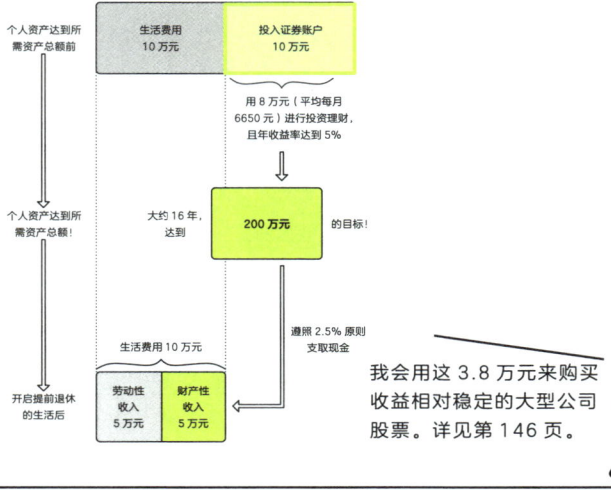

到手收入 20 万元（劳动性收入）

生活费用 10 万元 ｜ 投入证券账户 10 万元

个人资产达到所需资产总额前

用 8 万元（平均每月 6650 元）进行投资理财，且年收益率达到 5%

大约 16 年，达到 **200 万元** 的目标！

个人资产达到所需资产总额！

遵照 2.5% 原则支取现金

生活费用 10 万元

开启提前退休的生活后

劳动性收入 5 万元 ｜ 财产性收入 5 万元

我会用这 3.8 万元来购买收益相对稳定的大型公司股票。详见第 146 页。

既能赚钱又能存钱的
"全能人士"

年收入 26 万元
（实际到手 20 万元）
- 年均生活费用：7.5 万元
- 年均储蓄额：12.5 万元

所需资产总额 150 万元

全能人士的投资额很高，所以我更推荐她选择普通 NISA 账户，而不是定投 NISA 账户。

普通 NISA 账户既可用于购买基金，也可用于购买个股和 ETF 产品。全能人士即使将使用乐天信用卡结算的基金定投金额设置为顶格的 2500 元，每年也有 5.8 万元资金（普通 NISA 账户 3 万元 + 特定账户 2.8 万元）可用于其他投资。

其中特定账户中的 2.8 万元，既可以用来购买其他证券公司提供的以信用卡结算的基金定投服务，也可以用来购买能产生分红或能提供股东优惠的个股（如果希望在开启提前退休的生活后享受分红或股东优惠，那么我建议选择购买个股）。

增加资产

向证券账户内存入 12.5 万元

| 10 万元用于投资 | 2.5 万元作为现金储备 |

每月 8350 元的投资额用于……
- 使用乐天信用卡结算 普通 NISA 账户　　　　2500 元
- iDeCo 账户或企业型 DC 账户内的匹配缴费　　1000 元
→ 以上共计每月 3500 元（每年 4.2 万元）

- 其余 5.8 万元（普通 NISA 账户 3 万元 + 特定账户 2.8 万元）可以用来提高定投金额，也可以用来购买个股或 ETF 产品

到手收入 20 万元（劳动性收入）

| 生活费用 7.5 万元 | 投入证券账户 12.5 万元 |

个人资产达到所需资产总额前

用 10 万元（平均每月 8350 元）进行投资理财，且年收益率达到 5%

大约 11 年，达到 150 万元 的目标！

个人资产达到所需资产总额！

遵照 2.5% 原则支取现金

开启提前退休的生活后

| 生活费用 7.5 万元 | 劳动性收入 3.75 万元 | 财产性收入 3.75 万元 |

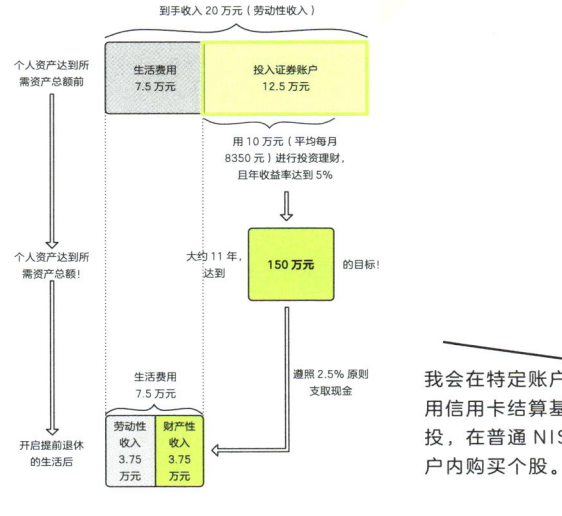

我会在特定账户内使用信用卡结算基金定投，在普通 NISA 账户内购买个股。

139

18 我目前的投资产品

下面我将向大家介绍我目前选择的投资产品以供参考。

我已经开启了提前退休的生活，不像公司职员一样能每月领取工资。但是，我仍有很多经济来源，如分红、个人创业收入、定期卖出个股换取的现金等，所以每年都有一定资金可以随意支配。因此直到现在，我每年仍能新增 10 万元以上的投资。

我目前在做个体生意，每月可以在 iDeCo 账户中顶格缴纳 3350 元（如果没有缴纳日本国民年金的附加保费，则每月可以缴纳 3400 元）。因此我很少在需要正常缴税的特定账户中投资。

我选择的投资产品数量十分有限，主要包括前文中提到的美国股票指数型基金和多国股票指数型基金，以及一些新兴市场指数型基金和主动型基金作为补充。我对 iDeCo 账户的定位是养老金账户，所以在该账户内的投资基本采取保守策略。

我年均投资额约为 12 万元的投资产品

乐天证券：使用乐天信用卡结算月均

普通 NISA 账户	eMAXIS Slim 美国股票（标准普尔 500 指数）指数型基金	1500 元
普通 NISA 账户	SBI 新兴市场股票指数型基金〔又称：雪人（新兴市场股票）〕	750 元
普通 NISA 账户	iFreeNEXT FANG + 指数型基金	250 元

合计：2500 元

乐天证券：iDeCo 账户月均

乐天美国股票指数型基金
〔又称：乐天先锋基金（美国股票）〕　　　　　　1340 元

乐天多国股票指数型基金
〔又称：乐天先锋基金（多国股票）〕　　　　　　2010 元

合计：3350 元

SBI 证券：特定账户月均

SPYD（美国 ETF 产品）2 份　　　　　　合计：约 1500 元

注：用尽目前持有的美元后，打算停止这项投资。

乐天证券的普通 NISA 账户中还能投资 3 万元，可以考虑购买个股

⇨ 每年合计：约 12 万元

19 投资才是终生事业

很久以前，日本定期存款的年利率曾高达 5% 左右。当时的人们无须投资理财，也无须承担任何风险，便能轻松获得高额收益。然而当今的人们将钱存进定期存款账户中，只能得到微乎其微的利息[①]。

当今时代的我们**唯有自己钻研投资理财知识，才能使资产不断增长**。

今后老龄化现象将更加严重，我们这一代人在退休前缴纳了大量税款，而退休后却面临着养老金减少的窘境。此外，随着寿命的延长，我们也需要提前准备更多养老资金来应付退休后的生活。

想到未来这样的局面，即使不打算追求提前退休的生活**也必须认真考虑投资理财事宜，因为这关乎退休后的生活质量**。

从今往后，投资理财对所有人而言都将是一项非常必要的终生事业。

---

① 21 世纪以来，日本存款利率长期处于零值附近。

增加资产

4

"投资＝人生"，这句话说得毫不夸张。
因此，无法享受投资过程，就是极大的损失。

20 资产就是你的"分身"

我在前文中曾经提到，**金融资产就是一个人的分身**。

我很喜欢荒木飞吕彦的作品《乔乔的奇妙冒险》。我认为这部作品中"替身"与人类的关系，就像现实生活中金融资产与我们的关系一样。

作品中的替身，是由人类体内精神能量凝聚而成的影像。人类越修炼，替身的能量也会越强大。替身能量的上限尚为未知数，但到目前为止，替身已经能发挥出超越人类的强大力量。

我们的金融资产也是如此，**越是悉心培育，它就会变得越强大（资产增长）**。人类个体所拥有的知识、技能、体力等人力资本是有限的，但金融资产却可以无限增长。

金融资产蕴含着它们的主人都未能拥有的无限潜能。因此，悉心培育金融资产是我人生中的一件乐事。

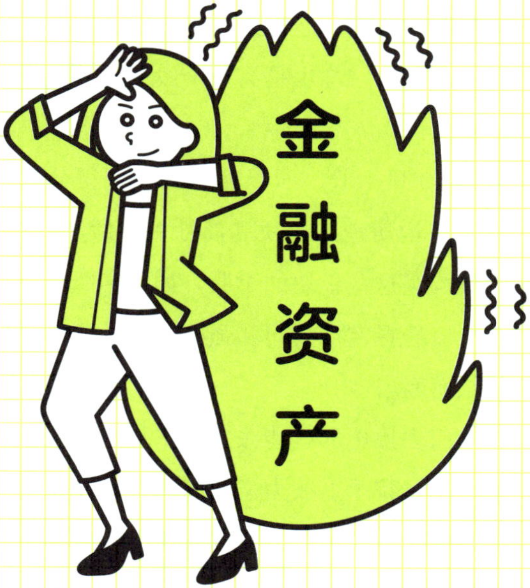
金融资产

21 持有高分红股票、获得股东优惠会更快乐！

INVESTMENT

如果尚未体验过培育金融资产的乐趣，那么我**建议先购买些能产生分红的个股**，这会让你切实感受到投资的好处。

我投资生涯的第一步也是买入个股，直到现在仍能定期获得分红。

我持有约 50 只个股，所以能从多处获得分红，积少成多。不过通常来说房地产板块和商社板块股票的分红更高，大家不妨尝试购买这些板块的个股。如果想购买以美元结算的股票，则可以选择宝洁公司和强生公司的股票，这两只股票都以高分红而闻名。

我很少专门去挑选那些能派发股东优惠的股票，所以对此不甚了解。不过我手上欧力士集团和日本烟草公司的股票都以丰厚的股东优惠而闻名。这两只股票同样属于高分红股票，可以考虑买入 100 股[①]。

---

① 常规来说，股票都以 100 股为单位进行交易。不过也有部分公司允许对不满 100 股的"零股"进行交易。

个股的优点和缺点

优点

- 产生分红（也有部分股票不产生分红）
- 如果选择购买日本股票，还可能额外享受股东优惠
- 股价可能大幅上涨

缺点

- 单价高
- 很难决定购买哪只股票
- 股价可能大幅下跌

前文中介绍到的大型公司股票风险相对较低，我也打算终生持有这些股票。

增加资产

22 打造属于自己的资产管理表

INVESTMENT

如果资产已经超过 50 万元，请务必制作**资产管理表**。当拥有 50 万元以上的资产时，一定已经在多个证券公司开通账户，并拥有缴费确定型养老金等多种资产。这种情况下，很难全面掌握自己的资产状况。此时，必须通过某种方法来统筹管理自己的个人资产。以我为例，我会用 Excel 制作简单表格，按月把自己分散在各处的资产信息全部填入表格内，方便统筹管理。

此外，为了掌握自己当前各类资产的配比情况，我还会将资产分为现金、股票等类别并分别核算（也可以使用资产管理软件）。这就是"**资产配置（Asset Allocation）**"。

在人生中的不同阶段，我的资产总额不同，资产配置的比例也不相同（如下页图表所示）。60 岁以后我将逐步提高债券和现金的比例。

资产配置的参考案例

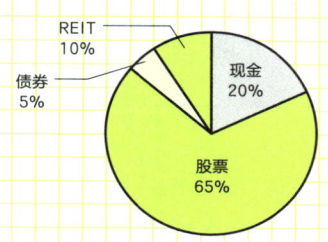

- 现金 20%
- 股票 65%
- 债券 5%
- REIT 10%

在规划投资组合时,我们需要具体列出所有金融产品的名称;而在进行资产配置时则无须如此,我们只需划分出大致类别即可。如:

- 现金(日元,其他货币)
- 股票(日本,发达国家,新兴市场)
- 债券(日本,其他国家)
- REIT(日本,其他国家)

资产配置的理想比例

投资额 50万~250万元
- 现金 20%
- 股票 75%
- REIT 5%

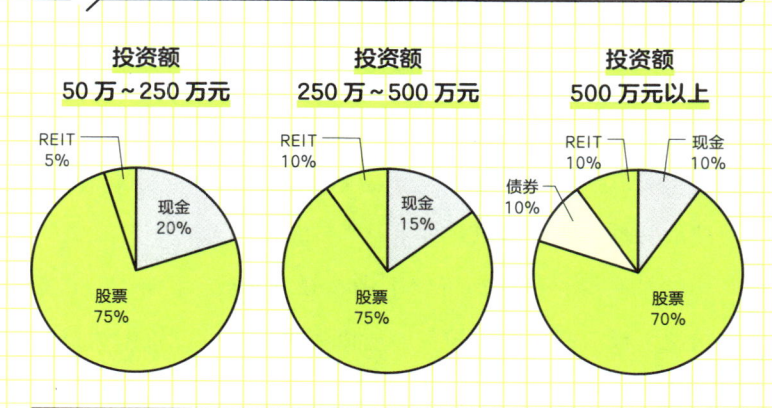

投资额 250万~500万元
- 现金 15%
- 股票 75%
- REIT 10%

投资额 500万元以上
- 现金 10%
- 股票 70%
- 债券 10%
- REIT 10%

我认为资产配置比投资组合更加重要,请大家参考上述案例绘制出自己的资产配置图。

增加资产

23 理想的资产配置比例

接下来，我将向大家介绍资产配置中的主角——股票的持有比例。关键是要确定日本股票、发达国家股票和新兴市场股票分别占有多大比重。当然每个人的想法不同，也并不存在标准的资产配置方案，但是，大家可以参考下页的目标比例。

我目前的资产配置比例并不完全符合目标比例。但为了向目标比例靠近，同时**尽量使投资项目更加分散**，我正在努力降低资产配置中日本股票所占的比例。

我曾在前文中建议大家重点关注美国股票，但若只投资美国股票，也会面临较大风险。

另外，我计划将至少20%的资金用于投资日本股票，以获取分红和股东优惠。

顺带一提，我认为资产不满500万元或年龄不满60岁的情况下没有必要购买债券，所以将目前资产配置中债券的比例暂定为0。

> 资产总额为 50 万 ~ 250 万元时，我推荐以下的资产配置比例

资产配置	目标比例
日本股票	25%
发达国家股票	40%
新兴市场股票	10%
REIT	5%
债券	0
现金	20%
合计	100%

如果这 75% 的资产都以基金的形式持有，则可全部用来购买多国股票型基金

增加资产

4

但是，当资产总额不满 50 万元时，则无须考虑资产配置事宜，只要按部就班进行基金定投即可！
后期再逐渐将其他金融产品加入资产配置当中。

24 至少保留 20% 的流动资金来应对股市暴跌

接下来我要谈到另一个关键词——现金比例。

我在前文中曾提到,股价经常会发生剧烈波动。为了应对这种波动,我们有必要在进行资产配置时保留一定额度的现金。

==如果资产不满 250 万元,则以保留 20% 的现金为宜。==

如果采用我在第 124 页中介绍过的方法,将证券账户内 80% 的资金用于投资,将其余 20% 的资金留在账户内形成资金池,那么总资产中的 20% 都可以随时兑换成现金。

==但是,投资收益提高时,现金比例就会降低;反之投资收益降低时,现金比例就会提高。==

因此,当股票市场发生剧烈震荡时,可以卖出部分股票来确保收益,或趁低价加仓买入,借此重新达到股票与现金之间的平衡。

如何重新达到股票与现金之间的平衡？

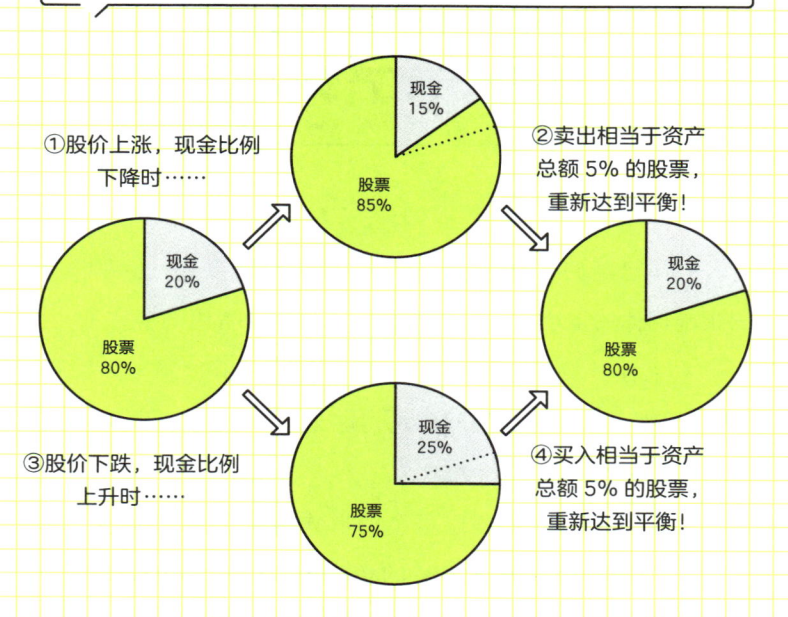

①股价上涨，现金比例下降时……

现金 20%
股票 80%

现金 15%
股票 85%

②卖出相当于资产总额 5% 的股票，重新达到平衡！

现金 20%
股票 80%

③股价下跌，现金比例上升时……

现金 25%
股票 75%

④买入相当于资产总额 5% 的股票，重新达到平衡！

投资者常会在股市暴涨时错过卖出股票确保收益[①]的时机，或在股市暴跌时恐慌抛售[②]大量股票。如果严格按照上述比例买卖股票，就可以尽量避免这些非理性投资行为。

当资产超过 250 万元时，就可以开始逐渐降低现金比例了。因为一旦资金池规模超过 50 万元，就会造成资金的浪费。
此时可以考虑买入更多能产生稳定分红的高分红股票或债券。

增加资产

---

① 在股价上涨时卖出股票，确保获得收益。
② 在股价暴跌时，因恐慌心理而卖出股票。

25 生活费是来自分红变现还是部分资产变现？

如果已经拥有 50 万元以上的资产，就可以进一步考虑步入提前退休的生活后，将资产收入作为生活费用的事宜了。

本书在计算提前退休的人群的生活费用时，一律采取 2.5% 原则。需要考虑的问题是，这 2.5% 资金的来源究竟是分红变现还是部分资产变现。

如果全部资产都是以基金的形式持有，无法获得任何分红，**必须每年取出 2.5% 的资产（税后）来获得财产性收入**。

如果以个股的形式持有资产，且税后分红达到资产总额的 2.5% 以上，那么**可以根据 2.5% 原则从分红中取出相应数目的现金作为生活费用**。

其实这两种方式之间并没有本质区别，大家可以根据自己的偏好选择。但是，如果希望采取分红变现的方式，就必须将投资重点转向个股和 ETF 产品，持有能产生分红的金融产品。

如何获得相当于资产总额 2.5% 的现金？

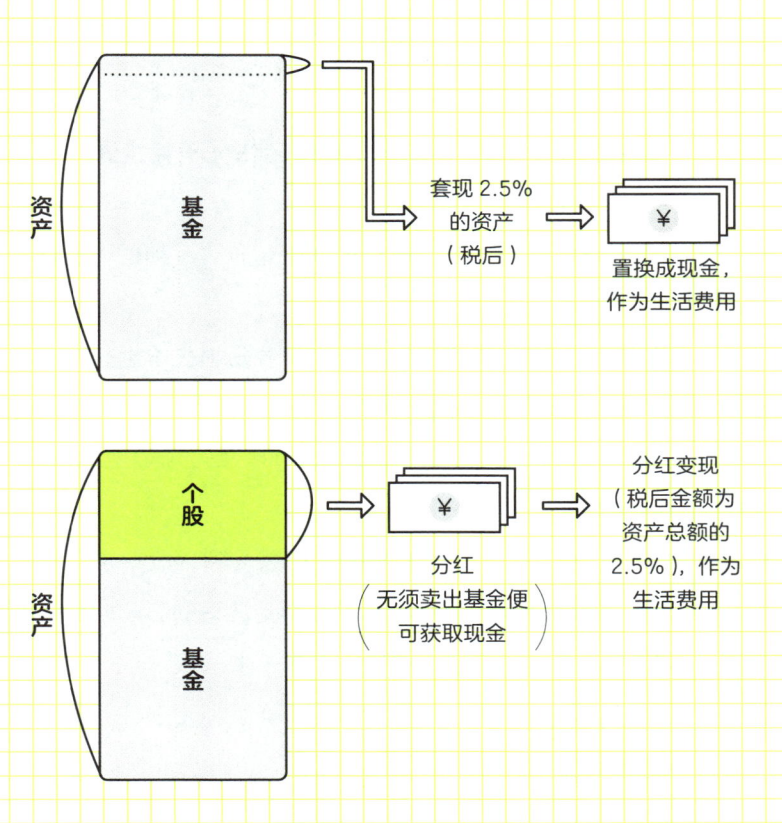

资产

基金 → 套现 2.5% 的资产（税后）→ ¥ 置换成现金，作为生活费用

资产

个股 / 基金 → ¥ 分红（无须卖出基金便可获取现金）→ 分红变现（税后金额为资产总额的 2.5%），作为生活费用

增加资产

4

以存钱高手为例，她的税后分红须达到 3.75 万元（资产总额 150 万元 × 2.5%）。

如果她在资产总额达到 50 万元后就不再进行基金定投，并将剩余的 100 万元资产全部购买年收益率为 4%～5% 的个股（高分红股票），那么她每年都可以获得不少于 3.75 万元的税后分红。

关于"增加资产"的Q&A

Q 总是担心会亏损,所以一直无法下定决心开始投资……

A 投资贵在坚持。因为投资的期限越长,亏损的可能性就越低。

反过来说,刚开始投资的时候非常容易损失本金,难免会有想要中途放弃的时候。我在投资生涯的最初10年中,先后经历了"活力门"事件[①],以及2008年全球金融危机,个人资产也曾缩水一半。

我在15年以上的投资生涯中真切感受到,股票市场永远在波动,所以投资者手中的资产也会受波动的影响时增时减。我们无论怎样关注这种波动也无济于事。

我们能做的,只有相信股票市场将会长期发展,并持续投入资金购买股票。

即便这样说,还是会有很多人觉得投资非常可怕,对其避之不及。但是,如果不通过投资来增加资产,我们就很难在有限的时间内积攒提前退休所需要的资产。

---

① 2006年,一时风头无两的日本活力门公司突然被爆出伪造财务报表,引起东京股票市场科技板块股价暴跌,进而使整个市场陷入恐慌性抛售的混乱局面。这一事件被称为"活力门"事件。——译者注

而且与 15 年前我刚开始投资时相比，现在的投资环境已经发展得相当安全，投资操作也变得非常简单。迈出投资的第一步当然会有些害怕，但请大家一定要鼓起勇气迈出这一步。

Q 虽然你提到，指数型基金可以在设置好自动定投后就放置不管，但是否需要每个月或每几个月核查一下账户状况？

A 在刚开始投资时，经常核查盈亏将不利于精神健康，所以我建议大家在这一阶段将它搁置不管。

不过我在前文中曾提到，当资产超过 50 万元后，最好绘制资产管理表并每月核查资产的变动情况，慎重考虑自己今后是继续定投指数型基金，还是转而购买个股以获得分红。

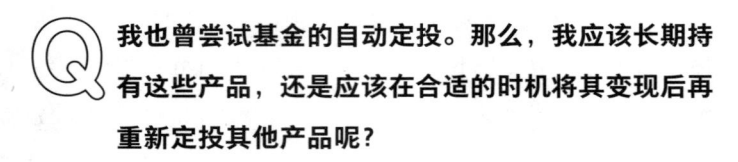

Q 我也曾尝试基金的自动定投。那么，我应该长期持有这些产品，还是应该在合适的时机将其变现后再重新定投其他产品呢？

A 总体来看我还是建议长期持有。如果中途卖出就必须在卖出时缴纳税款，这样会损害长远利益（不过，如果中途不卖出会导致将来需要缴纳的资本利得税[①]比当前高出 20% 以上，或许中途卖出再买入会更加有利）。

如果希望股票与现金之间重新达到平衡，可以考虑卖出原有金融产品后再买入一些其他种类的金融产品。

另外，NISA 账户设有免税期限。一旦卖出账户内的金融产品则免税期限将立即截止，这实在太过可惜。所以在 NISA 账户中投资时，最好不要中途卖出金融产品。

---

① 资本因其市场价格上涨而增值时会带给投资者意外收益，这就是资本利得。资本利得税是对已实现的资本利得征收的一种税。——译者注

Q **如果再次发生 2008 年全球金融危机那样的股市暴跌，应该如何是好？**

A 发生股市暴跌时现金比例就会升高。当现金比例超过 20% 时，不妨将超过 20% 的部分用来增持股票。购买股票后，即使日后遭受了巨大损失，也请假装一切都没有发生！2008 年全球金融危机发生时，我不再查看证券账户，一心投入到本职工作当中。（笑）

而最近的新冠疫情则让我对股市暴跌的承受能力更上一层楼。我甚至会兴奋地想："加仓的机会终于来了！"

从我的亲身经历可以看出，投资时间越长，心理承受能力也就越强。大家无须为此担心。

Q 我不敢将 80% 的积蓄都用于投资。有什么方法能帮助我克服恐惧吗？

A 将大部分积蓄都投入到无法保证本金的股票市场当中，这确实会让人有些抵触心理。不过我们既然选择了提前退休的生活方式，就是要通过投资理财来实现提前退休。

当然，有一部分人单靠存钱就能实现这一目标。但是绝大多数普通人还是要使用我在第 124 页中提到的方法，通过将 80% 的积蓄用于投资理财才能实现提前退休的目标。

但其实，就算做不到也没有关系。大家不妨暂时放弃提前退休的目标，为了将来能过上安心的生活而努力积累资产，在自己的承受范围内进行投资理财，这也是一个不错的选择。

FIRE

第 5 章

当你终于能够过上
提前退休的生活时……

现在，资产总额已经接近目标数值，终于可以开启提前退休的生活了！不过在这之前，我希望大家能暂时停下脚步，思考几个问题。接下来我会总结出所有需要最终确认的问题，全部确认后，就可以顺利开启自由而充满乐趣的提前退休的生活了。

01 先停一停！问问自己是否真的想要开始提前退休的生活

当大家为提前退休的生活准备的资产超过 50 万元大关时，我希望大家能暂且停住脚步重新考虑一个至关重要的问题：**你已经为实现提前退休积累了大量资产，但提前退休的生活真的是你理想的生活方式吗？**

经常有人抱怨说，自己将积累资产看得太重，甚至过上了守财奴一样的日子，冷静下来才发现自己的生活实在与"幸福"二字相去甚远。回望过去，才赫然发现自己已经放弃了太多东西。

当然，**有一些东西是为了达成目标而不得不放弃的**。但是，你是否连那些"幸福的基石"也一并丢弃了呢？

实现提前退休固然重要，但如果你的生活中有比提前退休的生活更加重要的东西，那还是应当以它为先。因此，我希望大家现在可以问一问自己，在整个人生长河中最想得到什么。

其实，**能积累 50 万元的资产已经非常了不起了**。

既然能够成功积累 50 万元，想必也已经养成了积累资产的习惯。因此，即使你在慎重考虑过后决定开始追求其他的人生目标，我相信你的未来也必然是一片光明灿烂。

- 放弃个人爱好
- 抑制购物的欲望
- 不买房
- 不买车
- 不恋爱
- 不结婚
- 不生育

……

我是不是连那些"幸福的基石"也一并丢掉了呢?

02 提前退休后，你想过怎样的人生？

如果在拥有 50 万元后仍继续坚持积累资产，那么资产总额很快就会达到目标数值。

存钱高手和全能人士需要为开启提前退休的生活准备 150 万元的资产，而赚钱高手则需要准备 200 万元。当大家的资产总额接近这一数值时，我希望大家能重新规划今后的人生。

如果 3 位主人公都是从 30 岁开始积累资产，那么全能人士此时不到 45 岁，而存钱高手和赚钱高手则不到 50 岁。

到了这个年龄，是否结婚、是否生育、父母是否需要照顾、是否能从父母处得到资金支持等人生大事，基本都有了确定的答案。

因此，大家只需要重新考虑靠自己现有的资产能否维持今后的生活。

虽然从理论上来说，只要资产总额达到我在前文中提到的目标数值，便可以顺利开启提前退休的生活，但从实际情况来看，很多人在达到这一条件后却仍然迟迟不敢开启新生活。

也许你会在慎重考虑后改变原有计划，决定等资产总额再增加 50 万元后再开启提前退休的生活。

不过请大家注意，如果年复一年地拖延下去，那么可能会 ~~在某一天突然发现自己已经迎来正常的退休年龄~~。（笑）这种情况也被称为"再等一年综合征"。

当然，如果大家还没有打消对未来生活的担忧，则完全没有必要强迫自己辞去公司职员的工作。不过从另一方面来说，盲目增加资产也只会带来"钱花不完"的结果。

金钱不过是达成目的的手段罢了。因此，即使已经决定继续在公司上班，我也希望大家能高效利用现有的资产，找到不同于提前退休的、属于自己的充实人生。

当然，大家也可以选择加倍增加自己的资产，加速过上提前退休的生活。

03 退休了，还需要继续赚钱吗？

如果大家在慎重考虑过后还是决定选择提前退休的生活，那么接下来请具体思考日后获取劳动性收入的方式。大家必须先想清楚自己未来能否获取足够的劳动性收入，得出肯定的答案后再递交辞职信。

① 成为自由职业者

如果目前你的副业已经能带来每月 2500 元左右的收入，那么我建议将其作为主业继续发展。**不妨在副业中选择进展最为顺利的一项，将其做大做强。**我也选择了这种模式。如此一来开启提前退休的生活后，这项副业也足以维持日常生活。

② 从事兼职工作

如果你的副业进展不顺利或无甚乐趣，**也可以选择在喜欢的行业从事兼职工作**，或像我的母亲一样重新回到原公司成为非正式员工。据母亲说，她在管理岗位上从事全职工作时,每天都感到极度痛苦。可当她退出管理岗位且工作时间减半后,这份工作又给她带来了无尽的乐趣。

③移居郊外,降低生活成本

还有一个选择是离开生活成本较高的市中心地区,通过居住在郊外来降低生活费用。这样一来,不需要做太多工作也能维持正常生活。

我丈夫在市中心工作,所以我家购买了汽车,生活成本也较高。如果我们能在郊外找到一处租金较低,并且公共交通方便、没有车也能正常出行的住处,那么我们便可以卖掉汽车,也能更进一步缩减生活费用。

日本大分县的某处住宅区被称为提前退休人群的圣地,那里的房租仅为每月 500 元左右。如果能搬到这样的住宅区里居住,那么仅靠现有的每月几千元副业收入外加财产性收入,便足以维持提前退休的生活。

④下定决心移居乡村，过上半自给自足的生活

你也可以选择下定决心移居乡村，过上半自给自足的生活，但这是一个难度较高的选项。你必须买车，也必须对虫子和野兽有一定的忍耐能力……

不过，如果这原本就是你梦想中的生活，那尽可以大胆尝试。而且在视频网站上发布田园生活的视频还可能成为新的收入来源。

如果能从田园生活中发现乐趣，那么这就是最好的选择。

提前退休

04 退休后，是买房还是租房？

在开启提前退休的生活时，面临的另一个重要问题便是住房。如果你打算继续住在目前的住所，则不需要有太多顾虑。但是，如果你决定移居郊外或乡村，那么必须在辞职前认真评估这种方案的可行性。

这是因为，没有正式工作的人很难租到房子[1]。如果等到辞职后准备搬家时才发现自己根本找不到住处，那时你的处境将相当艰难。

因此，我建议大家提前找好房子。如果你未来打算生活的地方离现住所很近，也可以趁仍有工作、信用较好时就提前搬家。

另外，大家也可以选择购买住房。在出行不太方便的郊外或乡村，只要10万~25万元便能买到一处一户建[2]。而且考虑到租房成本，有时反而是下定决心购买房屋更加划算。这也是一个不错的选择。

---

[1] 在日本，签署房屋租赁合同前，房主一般都会对租客进行入住审查，主要询问租客的职业、年收入等个人信息，以确认租客是否有能力支付房租。所以没有正式工作的人很难通过入住审查。——译者注
[2] 一户建在日本指独门独栋的私家住宅，一般带有车位和庭院。

如果你打算购买 25 万元以上的住房，我建议在辞职前提前办理好房贷手续。

如今日本的房贷利率已经低至 1% 以下。因此，如果有贷款资格，还是应该尽量贷款以保留资产。

05 退休后，你会有怎样的生活？

可能很多人都想知道，如果每年取出 2.5% 的资产作为生活费用，自己的生活会发生怎样的变化。以下是我做的粗略推算，推算的前提是在实现提前退休前都按照本书介绍的方法进行投资理财，并且资产达到目标数值后立刻辞职退休（假定退休金为 25 万或 20 万元，其中 5 万元用于缴纳退休后第一年的居民税和保险费用），之后每年取出 2.5% 的资产用作生活费用（为了简化计算过程，假定 65 岁时将全部金融产品卖出）。

股票年收益率按 5% 计算，考虑到每年需要取出 2.5% 的资产（税后），余下的 2% 左右则可继续用于投资理财。因此，**虽然每年都要取出 2.5% 的资产，但总资产会在投资理财的作用下不断增长，2.5% 所对应的金额（即生活费）也会逐年增多**。65 岁开始领取养老金后，虽然你已经不再工作、失去了劳动性收入，但资产仍在持续增长，这笔相当于资产总额 2.5% 的资金还是可以覆盖大部分的生活支出。如果再加上每年的养老金收入，那么每年需要从总资产中取出的资金甚至可能不到 2.5%，这种情况下资产增长率将会进一步上升。

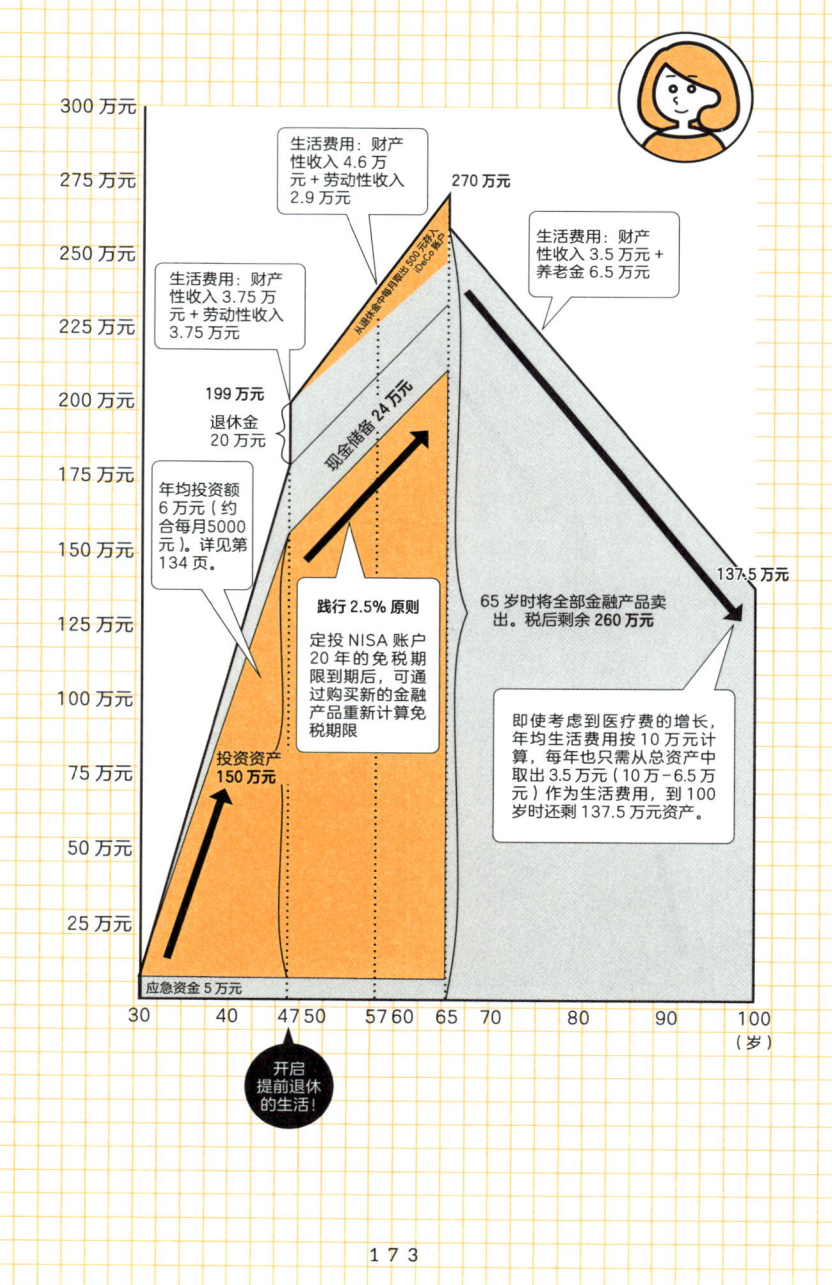

100 岁前的资产变动预期（存钱高手）

提前退休

1
2
3
4
5

- 生活费用：财产性收入 4.6 万元 + 劳动性收入 2.9 万元
- 270 万元
- 生活费用：财产性收入 3.5 万元 + 养老金 6.5 万元
- 生活费用：财产性收入 3.75 万元 + 劳动性收入 3.75 万元
- 从退休金中每月领取 500 万元 iDeCo 账户
- 现金储备 24 万元
- 199 万元
- 退休金 20 万元
- 年均投资额 6 万元（约合每月5000元）。详见第 134 页。
- 践行 2.5% 原则

  定投 NISA 账户 20 年的免税期限到期后，可通过购买新的金融产品重新计算免税期限
- 65 岁时将全部金融产品卖出。税后剩余 260 万元
- 137.5 万元
- 即使考虑到医疗费的增长，年均生活费用按 10 万元计算，每年也只需从总资产中取出 3.5 万元（10 万 − 6.5 万元）作为生活费用，到 100 岁时还剩 137.5 万元资产。
- 投资资产 150 万元
- 应急资金 5 万元

横轴：30　40　47 50　57 60　65　70　80　90　100（岁）

开启提前退休的生活！

173

100 岁以前的资产变动预期（赚钱高手）

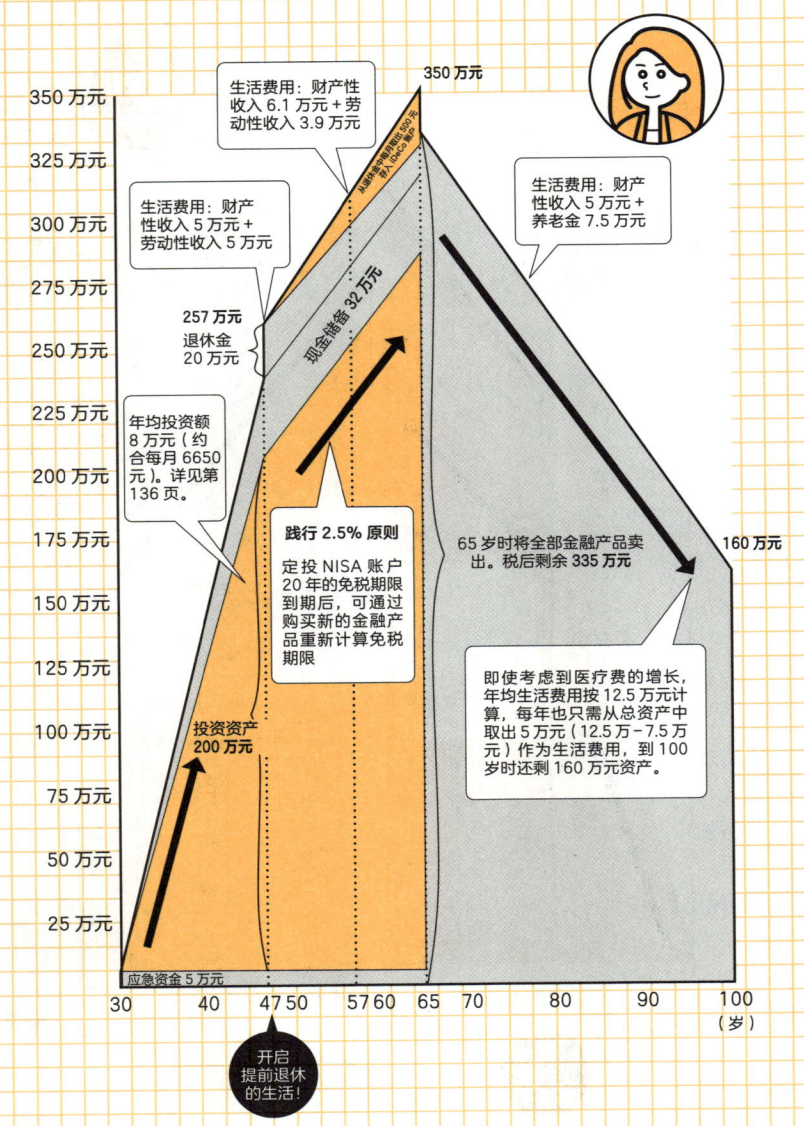

- **生活费用：财产性收入 6.1 万元 + 劳动性收入 3.9 万元**
- **生活费用：财产性收入 5 万元 + 劳动性收入 5 万元**
- **生活费用：财产性收入 5 万元 + 养老金 7.5 万元**

350 万元

257 万元
退休金 20 万元

现金储备 32 万元

年均投资额 8 万元（约合每月 6650 元）。详见第 136 页。

践行 2.5% 原则

定投 NISA 账户 20 年的免税期限到期后，可通过购买新的金融产品重新计算免税期限

65 岁时将全部金融产品卖出。税后剩余 335 万元

160 万元

即使考虑到医疗费的增长，年均生活费用按 12.5 万元计算，每年也只需从总资产中取出 5 万元（12.5 万 − 7.5 万元）作为生活费用，到 100 岁时还剩 160 万资产。

投资资产 200 万元

应急资金 5 万元

开启提前退休的生活！

注：从日本的现状来看，今后出现大规模通货膨胀的可能性较低，所以此处未考虑通货膨胀率的影响。

174

100 岁以前的资产变动预期（全能人士）

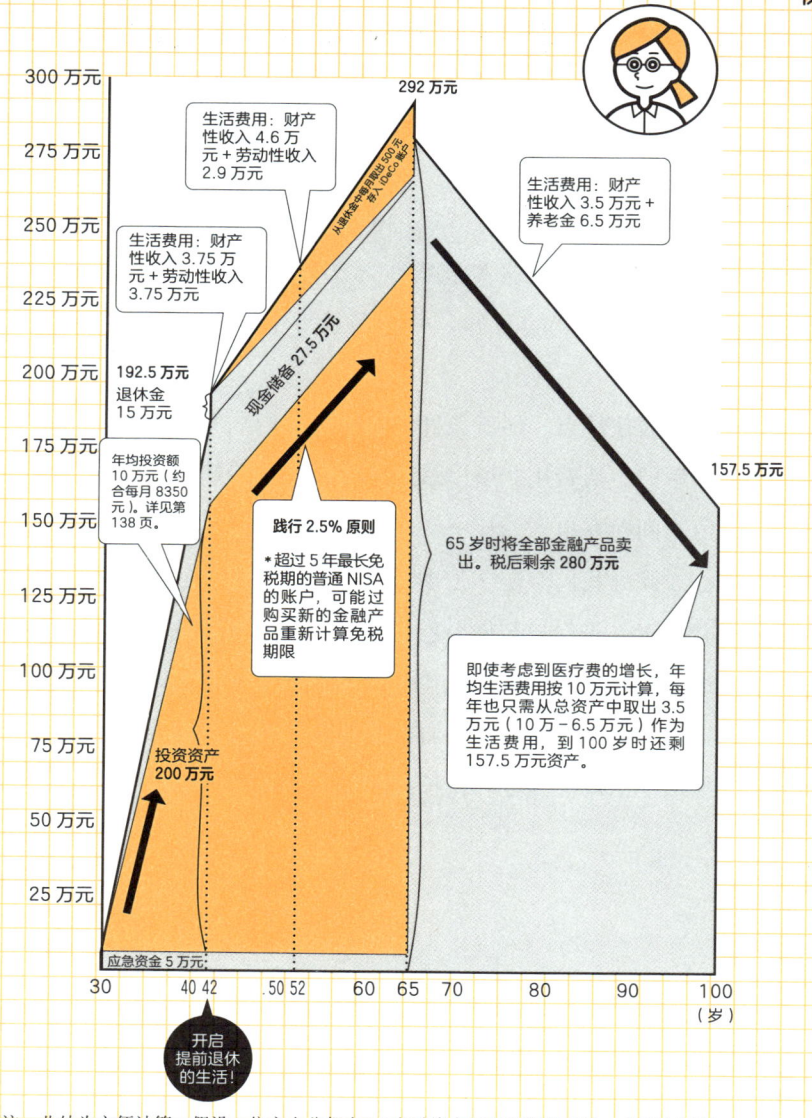

- 生活费用：财产性收入 4.6 万元 + 劳动性收入 2.9 万元
- 生活费用：财产性收入 3.75 万元 + 劳动性收入 3.75 万元
- 生活费用：财产性收入 3.5 万元 + 养老金 6.5 万元

292 万元

现金储备 27.5 万元

定期定额投资每月 500 元，纳入 iDeCo 账户

192.5 万元
退休金 15 万元

年均投资额 10 万元（约合每月 8350 元）。详见第 138 页。

践行 2.5% 原则

*超过 5 年最长免税期的普通 NISA 的账户，可能过购买新的金融产品重新计算免税期限

65 岁时将全部金融产品卖出。税后剩余 280 万元

157.5 万元

即使考虑到医疗费的增长，年均生活费用按 10 万元计算，每年也只需从总资产中取出 3.5 万元（10 万 – 6.5 万元）作为生活费用，到 100 岁时还剩 157.5 万元资产。

投资资产 200 万元

应急资金 5 万元

30　40 42　50 52　60 65　70　80　90　100（岁）

开启提前退休的生活！

注：此处为方便计算，假设 3 位主人公都在 65 岁时将全部金融资产卖出。大家也可以将一半资产继续留在股市当中。这样一来，便可以给后代留下更多资产。

175

06 退休后,每月要有多少钱才够花?

结合第 26~27 页和第 30~31 页的内容可知,存钱高手和全能人士每年需要获得 3.75 万元的劳动性收入。结合第 28~29 页的内容可知,赚钱高手每年需要获得 5 万元的劳动性收入。

居住地点、住所条件等因素也会影响开启提前退休的生活后的生活费用,所以最终真实的生活费用很可能会与推算值之间存在出入。

此处我们假定 3 位主人公开启提前退休的生活后的生活费用水平仍保持与做公司职员时相同,并将纳税等因素也考虑在内,综合计算出她们每月需获得多少收入才能维持提前退休的生活(我目前是自由职业者,在自己家中用互联网从事商业活动。此处一律按我的情况计算)。

既能赚钱又能存钱的
全能人士

不擅长赚钱但擅长存钱的
存钱高手

每月需要获得的收入

5000 元

全能人士和存钱高手每年需获得 3.75 万元的劳动性收入。如果每月能确保 5000 元的收入，那么每年便有 6 万元。除去约 1 万元的必要支出①（包括部分房租、电费、取暖费、燃气费、通信费、电脑等机器的费用），需要缴税的部分还剩 5 万元，如果能充分利用蓝色申报制度②，则基本不需要缴纳税款。

因此，从税前收入中扣除掉微乎其微的税款以及国民健康保险、国民年金共 1.25 万~1.5 万元（各地区之间的具体数额略有差异）后，到手收入约为 4 万~4.5 万元。

同时由于收入很低，她们有可能符合免税政策的适用条件。如此一来，国民健康保险的费用就可以进一步降低。

---

① 根据日本的税收制度，个人收入中被认定为必要经费的部分不需要缴税。——译者注
② 蓝色申报制度是日本为了提高税收征管效率而采取的特殊的纳税申报方式。纳税信用良好的纳税人可以向当地税务机关申请蓝色申报表，以享受更多税收优惠。——译者注

擅长赚钱但不擅长存钱的
赚钱高手

每月需要获得的收入

6000 元

赚钱高手每年需获得 5 万元的劳动性收入。如果每月能确保 6000 元的收入，那么每年便有 7.2 万元的收入。除去约 1.5 万元的必要经费，需要缴税的部分还剩 5.7 万元。

赚钱高手需要缴纳的税款也几乎可以忽略不计，所以从 7.2 万元的税前收入中扣除与全能人士和存钱高手等额的 1.25 万 ~1.5 万元后，赚钱高手的到手收入不低于 5 万元。

看完以上的分析后，大家有何感想呢？相信绝大多数人都可以通过积分活动，以及我在第 43 页中介绍的副业，每月轻松赚取 5000~6000 元的收入。另外如前所述，如果选择移居郊外降低生活成本，那么依靠更少的收入也能维持正常生活。

无论你属于哪种模式，只要持有的金融产品能产生分红，便可以利用分红免税制度来进一步增加到手收入。如果能在移居郊外的同时充分利用分红免税制度，**或许加速提前退休也并非遥不可及**！

当然你也有另一个选择，那便是像我一样努力工作增加收入。

虽然这会使税收负担加重，**但是做自己想做的事才是提前退休的生活的终极奥义**，这也是一个不错的选择。

提前退休的生活，就是能够让你随心所欲地选择工作方式的生活。

我建议大家在正式辞去公司职员的工作之前，尽可能规划好自己未来将从事怎样的工作、能获得怎样的收入。

后 记

人们的生活方式会变得更加多样

我在 15 年前开始求职活动时,一直梦想能够成为大型公司的正式职员。

那时我已听说过存在着一种名为"食利者"的生活方式。但是,我当时认为对毫无金融资产的普通人而言,最好的选择还是找到一份稳定的工作。

我刚入职时年收入尚不满 15 万元,每天上班时都怀着巨大的担忧与不满。

我曾暗自观察上司们的生活,发现他们的经济状况也并不宽裕。我逐渐意识到,即使把人生中大部分时间都贡献给那家公司,也只能勉强维持普通人的生活水平。

但是,我也希望有朝一日能够成为"食利者"。在这个想法的驱动下,我每月都从微薄的工资中留出一部分用于储蓄。**尽管我只是一个收入不高的普通职场女性,但坚持储蓄数年后,我还是成功在 35 岁以前积累下了 150 万元资产。**

之后又经历了不少波折,我终于还是从公司辞职,失去了稳定的收入。但是,从那以后我便过上了提前退休的生活，比从前活得更加幸福快乐。

无论公司职员的身份能给我带来多么稳定的生活，我都无法忍受没有自由的人生。

其实我并不厌恶工作本身，辞职前我所从事的工作也正是我想长期投身的事业。但是，我无法接受过长的工作时间。

如果我不改变当时的生活方式，那么过长的工作时间会让我无暇他顾，我将永远没有时间做自己想做的事情。

这样的人生真的幸福吗？

现今，人们可以通过互联网找到很多种赚钱方法，投资理财也是其中之一。然而，在 20 年前这却是富豪们的特权，普通人根本无法在网上轻松购买股票。

因此，我认为今后会有更多人选择更为灵活的工作方式。

可以说我们已经迈入了这样一个崭新的时代。

名为"资产"的分身，可以带来极大的安全感！

虽然我辞去了公司职员的稳定工作，却从没有感到过度焦虑不安。这是因为我已经持有一定的资产。

我现在还不到 40 岁，名下资产却已超过 300 万元。

我切身体会到，金钱就是使我安心、镇静的定心丸。

偶尔也会有人对我提出质疑，认为我根本算不上提前退休人群，只不过是在做个体生意罢了。请大家注意，单纯做个体生意与享受提前退休的生活的根本区别在于，是否持有自己的资产。

当我的资产达到 150 万元时，我能明显感到自己每一天都过得很有安全感。我切实感受到了此前从未感受过的"金钱的力量"。

拥有如此大量的资产给我带来莫大的自信，而资产本身则给我带来精神上的安全感。由此，我对自己的评价也从过去的 35 分一下提高到了 70 分。

我对自己充满了信心，也终于可以开始从容地享受人生。

我在本书中无数次强调，资产就是我们自己的分身。

当我们生活艰辛乃至陷于困顿时，资产定会救我们于水火。

正因如此，无论你是否考虑开启提前退休的生活，我都建议一定要积累资产，使自己能够保持经济上的独立。

在开始提前退休生活的 3 年里，我有什么感悟？

3 年前，我正式开启提前退休的生活。

曾有人问我："一直持续这样的生活不会感到厌倦吗？"其实我在享受提前退休的生活的同时，还会尝试开拓各种生意，所以根本没有时间产生厌倦情绪。（笑）

但是，如果当初我选择了完全退休，那么现在确实可能已经厌烦整日无所事事的日子。如今想来，人力资本和社会资本的确是快乐人生不可或缺的两根支柱。

目前我希望尽可能延长自己的工作年限，大概直到 80 岁都会一直过着提前退休的生活。

因为工作总是能给人带来巨大的乐趣。

我的理想是：**长期享受低强度工作**。

我也经常会被问到这样一个问题："你没有经济方面的担忧吗？"看了我在第 172 页的分析预测就会明白，如果坚持践行 2.5% 原则便能一直安稳度日，不会产生经济问题。而我则更加幸运，我的资产比预期增长得更快，事业收入也比预期更高，所以到目前为止完全没有经济方面的担忧。

不过，我的提前退休的生活也才刚刚开始。

坦白来说，如果与 2008 年全球金融危机同等级别的股市暴跌再度来袭，我也不知道该如何是好。

我当初选择提前退休的生活时完全没有听说过提前退休的概念，更想不到这样的生活方式竟会被写成书籍出版。

从 1 年前开始，越来越多的客户希望我谈一谈提前退休的生活。我原本打算享受隐居式的提前退休的生活，现在却过得异常忙碌。这让我有些始料未及。

但是，这也是形势所驱。

我很乐意看到人们的生活方式变得更加多样。

特别是对于女性，我强烈推荐提前退休的生活

在为提前退休而奋斗的人群当中，总是男性占据多数。

虽然现在很多女性也开始为之奋斗，但 2017 年我计划开始提前退休的生活时，几乎没有女性与我持有同样的想法。

之所以会出现这样的性别差异，大致有两个原因：一是

女性的年收入低于男性，所以很难积累足以支撑提前退休的资产；二是部分女性认为结婚后能在经济上依赖丈夫，没有必要自己积累资产。

然而随着时代的变迁，女性也逐渐能够获得与男性同等的收入。特别是在互联网上从事商业活动时，性别对收入几乎没有影响。

此外我们必须认识到这样一个可悲的事实：从日本如今的经济状况来看，随着社会保险费用的提高和平均到手收入的降低，丈夫一个人的收入已经很难维持一家人的正常生活。

换言之，**我们所处的时代要求女性也必须保持经济独立**。

然而，女性独有的困境却并没有随时代的变迁而消失。

怀孕、生产、育儿会给女性带来生理损伤和事业打击。

中年以后，激素失调给女性带来的身体不适和体力下降也比男性更为显著。

正因为有这些困境的存在，我才会强烈建议女性积累资产。

正如我在前文中数次强调的那样，资产就是我们自己的分身。

当怀孕、生产使你的工资下降时，资产可以帮助你渡过难关。

如果你想辞去工作专心育儿，那么当你尽情享受育儿过程时，资产会代替你继续赚取财富。

如果你像我的母亲一样，在50多岁时感到体力显著下降、工作力不从心，那么资产也能帮助你在辞职后过上一段悠游自在的日子。

现在仍有很多女性渴望成为家庭主妇，可是能凭一己之力维持一家人正常生活的高收入男性已经越来越少。

因此，==与寻找如此稀缺的高收入男性相比，自己积累资产不仅难度更低，而且还能自由支配这些资产。==与其成为家庭主妇，不如成为财务自由的主妇。

经济独立能够获得真正的自由

所有人应当积累足以维持经济独立的生活的资产，这与单身、已婚、男性、女性等身份属性无关，与是否工作也无关。

这是因为，资产能为你的人生提供更多选择。

如果拥有一定资产，不仅能开启提前退休的生活，还能：

- ==挑战有风险的创业项目==
- ==养育几个孩子==
- ==毫无负担地购买想要的物品==
- ==帮助身处困境的人==
- ==用几年时间去环球旅行==
- ==什么也不做，享受悠闲时光==

如果你仍在经济上依赖他人，就无法获得真正意义上的自由。

例如，成年之前生活依靠父母时，我们或多或少都要听从父母的建议；依靠配偶时，我们基本无权处置不在自己名下的资产。

同时，收入水平也会影响夫妻之间的势力关系。

经济独立也意味着精神独立。

任何人都想完全按照自己的想法做事。只有做到这一点，才算拥有真正的自由。

我上小学时就很崇拜迈克尔·杰克逊。他有一首歌曲名为《镜中人》，传达了这样的观点：如果你希望一切都朝更好的方向发展，就必须先让镜中人，也就是镜中映射出的自己做出改变。

如果自己不采取行动而一直指望政府或他人来帮助自己，就永远不会知道转机何时到来，甚至不知道转机究竟会不会到来。

只有那些为自己而活，过上了自己想过的生活的人，才是真正的赢家。

为了成为人生的赢家，不妨从这一刻开始，一点点将自己变成理想中的样子。

"三十岁退休"的管理人阿千

YURU FIRE—OKUMANCHOJA NI NARITAI WAKE JANAI WATASHITACHI NO TO-SHI-SEIKATSU
by Arasa de ritaia kanrinin chi-
Copyright © 2022 Arasa de ritaie kanrinin chi-
0riginal Japanese edition published by KANKI PUBLISHING INC.
All rights reserved
Chinese (in Simplified character only) translation rights arranged with KANKI PUBLISHING INC,through BARDON CHINESE (REATIVE AGENY LIMITED, Hong Kong.

本书中文简体版权归属于银杏树下（上海）图书有限责任公司
著作权合同登记号 图字：22-2023-144

图书在版编目（CIP）数据

提前退休说明书 /（日）阿千著；丁宇宁译. -- 贵阳：贵州人民出版社，2024.9（2025.8重印）
ISBN 978-7-221-18035-3

Ⅰ.①提… Ⅱ.①阿…②丁… Ⅲ.①退休－生活－财务管理－通俗读物 Ⅳ.①TS976.15-49

中国国家版本馆CIP数据核字(2023)第254371号

TIQIAN TUIXIU SHUOMINGSHU
提前退休说明书
［日］阿千 著
丁宇宁 译

出 版 人	朱文迅	选题策划	后浪出版公司
出版统筹	吴兴元	编辑统筹	王 頔
策划编辑	周湖越	责任编辑	徐 晶 王潇潇
特约编辑	李雪梅	封面设计	柒拾叁号
责任印制	常会杰		
出版发行	贵州出版集团　贵州人民出版社		
地　　址	贵阳市观山湖区会展东路SOHO办公区A座		
印　　刷	河北中科印刷科技发展有限公司		
经　　销	全国新华书店		
版　　次	2024年9月第1版		
印　　次	2025年8月第2次印刷		
开　　本	889毫米×1194毫米　1/32		
印　　张	6.625		
字　　数	138千字		
书　　号	ISBN 978-7-221-18035-3		
定　　价	55.00元		

官方微博：@后浪图书
读者服务：editor@hinabook.com 188-1142-1266
投稿服务：onebook@hinabook.com 133-6631-2326
直销服务：buy@hinabook.com 133-6657-3072

后浪出版咨询（北京）有限责任公司　版权所有，侵权必究
投诉信箱：editor@hinabook.com　fawu@hinabook.com
未经许可，不得以任何方式复制或者抄袭本书部分或全部内容
本书若有印、装质量问题，请与本公司联系调换，电话010-64072833